U0338395

徐凤龙先生，1964年12月生，吉林榆树人。工商管理硕士研究生，国家茶艺师高级考评师，吉林省茶文化研究会会长，北京联合大学易学与经济发展中心特约研究员。毕业于东北师范大学美术系，读书期间勤奋刻苦，长于国画，喜寄情山水。改革开放后，创办装饰公司，屡创佳绩。但徐先生时时不能忘怀自己的文化情结，于1999年创建了吉林省第一家以古典传统风格为主调的雅贤楼茶艺馆，兢兢业业，开始了对茶文化的深入探讨与研究。2003年5月，徐先生与妻子张鹏燕共同编撰国家职业资格培训鉴定教材《茶艺师》，并以雅贤楼为基础，成立了吉林省雅贤楼茶艺师学校，为社会培养了大批专业茶艺人才。十余年来，夫妇二人醉心于茶文化的研究和传播，已陆续出版了《茶艺师》《在家冲泡工夫茶》《饮茶事典》《寻找紫砂之源》《普洱溯源》《识茶善饮》《第三只眼睛看普洱》《中国茶文化图说典藏全书》《凤龙深山找好茶》《深山寻古茶》……并于2006年启用祖上老号"万和圣"连建数家万和圣茶庄，2008年成立东北地区最大规模的雅贤楼精品紫砂艺术馆，2011年成立雅贤楼东北亚分号，为中国茶文化的发展做出了突出贡献。

2016年10月

人参普洱

图说中国茶文化

吉林科学技术出版社

徐凤龙 著

图书在版编目（CIP）数据

人参普洱/徐凤龙著.--长春：吉林科学技术出版社，2016.9

ISBN 978-7-5578-1253-9

Ⅰ．①人… Ⅱ．①徐… Ⅲ．①普洱茶—研究 Ⅳ．①TS272.5

中国版本图书馆CIP数据核字(2016)第208909号

图说中国茶文化

人参普洱
RENSHEN PU'ER

著　　　徐凤龙
出 版 人　李 梁
责任编辑　端金香
摄影摄像　张 熙 李 杰
文字统筹　孙 茜
封面设计　长春茗尊平面设计有限公司
制　　版　长春茗尊平面设计有限公司
开　　本　889mm×1194mm　1/24
字　　数　320千字
印　　张　12.5
印　　数　1-11 000册
版　　次　2016年10月第1版
印　　次　2016年10月第1次印刷

出　　版　吉林科学技术出版社
发　　行　吉林科学技术出版社
地　　址　长春市人民大街4646号
邮　　编　130021
发行部电话／传真　0431-85635176　85651759　85635177
　　　　　　　　　　　　　　　85651628　85652585
储运部电话　0431-86059116
编辑部电话　0431-85635186
网　　址　http://www.jlstp.com
印　　刷　吉广控股有限公司

书　　号　ISBN 978-7-5578-1253-9
定　　价　45.00元
如有印装质量问题　可寄出版社调换
版权所有 翻版必究　举报电话：0431-85635185

序言

唐代陆羽在《茶经》中就有茶与人参的类比论述："……茶为累者。亦尤人参，上者生上党，中者生百济、新罗，下者生高丽。"恰恰是茶圣陆羽在《茶经》中的这一类比，触动我的灵魂，萌生要写一部《人参普洱》的念头，把生长在中国东北长白山的百草之王——人参与生长在西南的普洱茶这两种大自然赐予我们的灵物嫁接起来，恰当地配伍成人参普洱茶，为天下茶人所用。

而实现这一念头的基础是近 10 年来，我曾数次深入云南大山深处采访，行程数万千米，领略无数风吹雨打，翻越无数峭壁悬崖；足迹遍布云南茶山深处，野茶树前；我们寻访当地茶农，了解古茶山悠远的历史；也走访老船夫老马帮，茶马古道跃然于眼前；我们探访相关部门，了解当地政府对未来茶产业的展望；也拜访专家学者，寻找古茶背后的科学奥秘。这些珍贵的记忆和资料为我创作《普洱溯源》《第三只眼睛看普洱》《凤龙深山找好茶》《深山寻古茶》等普洱方面的茶学专著提供了丰厚而翔实的素材。

而促使我历时三个春秋，深入长白山腹地，累计行程 15 000 多千米，深入调研考察长白山人参资源，却缘起于《人参普洱》。

把东北长白山的人参与云南普洱茶联姻是我在 2010 年之前提出的概念，但那时碍于国家把人参产品定义为药材，还不能进入食品序列，故搁之。直到 2013 年，国家食品药品监督局才正式把在长白山区生长 5 ~ 6 年的园参列入"药食同源"序列，我才决定启动"人参普洱"项目。我在准备材料的过程中，发现关于长白山人参的图书资料很少，查阅比较困难，故于 2014 年春天开始深入长白山脉，以我多年来在云南考察普洱茶时积累的经验和方法对长白山区的人参资源进行了详细的考察，取得大量的一手资料，为创作《人参普洱》打下了坚实的基础。

之所以选择用我国东北长白山参与云南普洱茶配伍，皆因中国的长白山参生长在世界上最好的区域并为"上者"，这在唐代早有定论。东北长白山参都是选择坡度在 25 度以下，朝向正确的针阔叶混交林，林下腐殖土超过 20 厘米，且腐殖土下还得是活黄土的林地，砍掉树林开垦成适宜人参生长的参园，经过一年多的整理、养护才能种上人参种子，两年后起出移栽到另一块用相同方法开垦的参园中，再经过 3 ~ 4 年吸收两块原始林地下腐殖土内的营养，还要经过长白山区冬夏七十多摄氏度的温差，共 5 ~ 6 个春秋才能长成。并且，长白山区的人参轮作周期是 33 年，所以长白山参被称为百草之王，其药用价值极高。美国的西洋参及韩国的高丽参多是在田间种植的，与中国长白山参不可同日而语。

所以说，我们选择用东北的长白山参与云南普洱茶配伍，是经过慎重思考的。

在版式设计上，图书的左下角设计人参图案，右上角设计普洱图案，以《周易》的思想看，左下角艮位主东北，人参生于东北；右上角坤位主西南，普洱茶长于西南。正如《周易》所言："坤艮对位，门庭富贵"。

在篇章结构上，我们采用了天篇、地篇、人篇。天生人参，地长普洱，人合人参普洱茶，取天地人和之象，久服轻身延年，永包葆万民健康！

天篇以北斗七星为图，地篇以南斗六星为图，人篇以福、禄、寿三星为图，共计十六星。北斗、南斗之星乃天上之星，人不可为也，可为者只有福、禄、寿三星，为商者少人一两损福，少人二两伤禄，少人三两折寿，故古代经商的人鲜有缺斤少两者。今以此为图，意在我与澜沧古茶共同创造的人参普洱茶质优量足、价格合理，不欺人也！

　　本书较以往不同，运用手机"鼎 e 鼎"APP 识读鼎九码将寻访期间的视频资料植入书内，可以使您在阅读时通过视频更添身临其境之感，此技术融合了二维码编码、信息安全和防伪技术，实现了"一物一码、一码一密"的安全性，保护您的信息安全，可放心使用。

　　今天，就把我这么多年来呕心沥血实地采访考察、创作的人参普洱茶项目奉献给诸位，愿与天下诸位同道共飨！

徐风龙

目录

CONTENTS

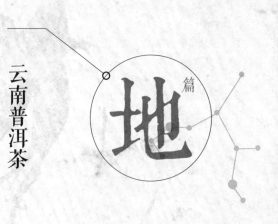

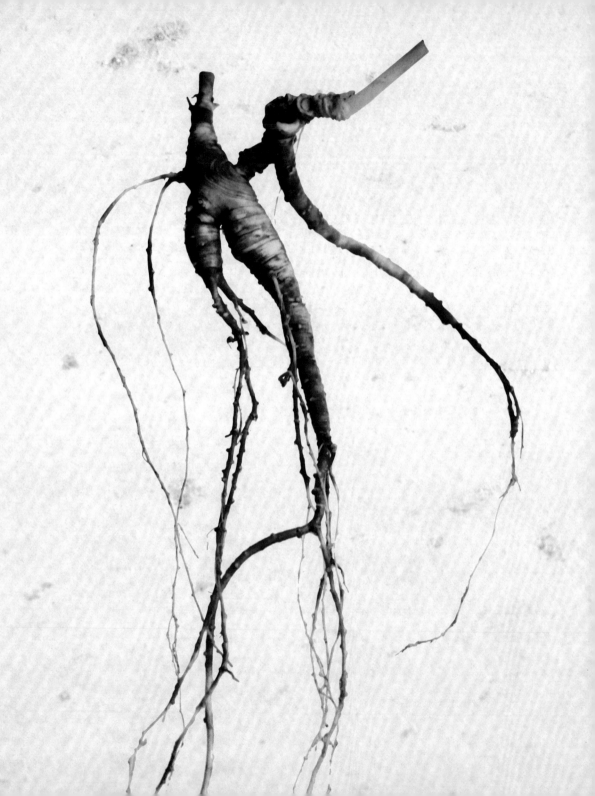

长白山人参

天篇

TIAN PIAN

天生·人参

巍巍长白山，蕴珍馐无数，

源源松江水，养万生不息，

紫气生发，百草遮阴，一棵参的传奇，悄然诞生。

天秀，山灵，物通。

一山一水，巍峨蜿蜒抑或神秘广袤，皆为天之馈赠；

一草一木，伏地成原抑或高耸云天，俱是山之灵秀。

长白生灵，

云天孕上，黑土育下，

人参，

万物尊百草之王，天地养长白之魂。

一颗远古的心，埋首于山林之下，无数个四季时光是她绮丽的妆，

生根，破土，聚灵秀之精华，百年不歇；

神农折服，天人相和，药食同源，

亘古绵延，与山同在，与人共生。

长白山下，一代又一代放山人，依山而生，傍参而行，

唯有老把头的一首无名诗，口口相传，铭刻心底，生生不渝。

生于长白，长于长白，百年后化尘长白，

参灵葳蕤，参魂恒远，参神凝天地。

历时三载探千年传奇，万里跋涉寻人参踪迹，

随身经百战的老把头进山寻棒槌，

与新时代的养参人一同俯首劳作，

亲见一棵参的生长，感同几代人的辛劳，

景仰参，亦景仰人。

我与长白山人参

　　长白山是我国著名的大山，广义上讲是我国的辽宁、吉林、黑龙江三省东部山地以及俄罗斯远东和朝鲜半岛诸多余脉的总称，常规来讲是指位于吉林省东南部地区，东经127°40′～128°16′，北纬41°35′～42°25′之间的地带，是中朝两国的界山。

　　长白山脉是松花江、图们江和鸭绿江的发源地，不但有很多神秘的传说，美丽的天池，丰饶的物产，更有广袤森林下那神奇的百草之王——人参。

　　我作为土生土长在长白山脚下的吉林人，从小就是听着父辈们讲述各种有关人参的故事长大的。成为小有名气的茶文化传播者后，数年来经常深入云南大山考察茶树资源，获得了一定的写作经验，愈发想对家乡的人参做些实地考察记录和研究，这不单是兴趣使然，亦是一种使命感。当我所著的二十几部茶文化图书受到全国各地广大茶友们的认同，生长在长白山脚下的我是否也应该为家乡做点力所能及的贡献呢？

　　带着对这种神秘植物的无限向往，也为了了解中国东北长白山人参与西南深山之中的普洱茶这两个物种的异同，2014年4月19日早7点，我带领"参藏长白山"考察团，从北国春城长春出发，前往位于长白山腹地吉林省辖区的集安、临江、长白、抚松、靖宇、敦化、安图、珲春等人参主产区，由此开启了我长达3年、行程15 000多千米的长白山人参考察之旅。

"参达杯" 大美参乡摄

中国人参博物馆

419

请走此门

请走侧门

参观博物馆 知晓人参史

吉林省抚松县于我而言是一座并不陌生的小县城，以往也曾经去过几次，但此行有所不同，我是带着考察长白山人参资源的使命前往，肩负这种使命感，让我时刻不敢放松自己。

常言道：读史使人明理。只有充分了解事物的发生、发展才能预知其未来，人参莫不如此。早就听说抚松县有一座人参博物馆，我相信在那里能够理清人参的历史沿革、风俗习惯、逸闻传说、药用价值、科学使用等等方面的知识。对于我这个热衷于人参事业并且比较认死理儿的人来说，参观人参博物馆是了解长白山人参的最佳途径，一定会对我日后的深入考察起到重要的指导作用。

来到抚松县城，顾不上其他，直奔人参博物馆而去。

以下就是我在抚松县人参博物馆了解到的关于长白山人参方面的知识。

在《人参普洱》这部书的第一部分，我以在抚松县人参博物馆的所见所闻以及之后在长白山腹地人参主产区的实地考察数据为依据，为大家详细讲述神秘的百草之王——人参的故事。

先扫封底二维码
下载专用软件
鼎e鼎扫码看视频
身临其境寻人参

最早人参文字记

人参起源于距今约6000多万年前，是地球上仅存的古生代第三纪孑遗植物之一，世界上最早应用并最早用文字记载人参的就是中国人。

我们在《甲骨文合集》中找到了3500多年前的殷商时代中国人创造的生动形象的"参"字，《殷虚书契前编》的"参"字，不但有地上部分的茎和果，而且有了地下部分参根。

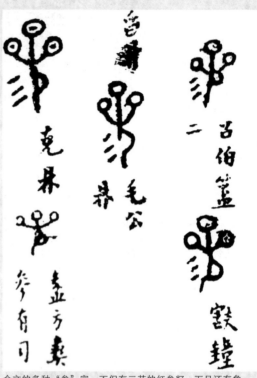

金文的多种"参"字，不但有三花的红参籽，而且还有象形的参体和参须

刻在甲面上的"参"字

汉字工具书记载的甲骨文象形"参"字

《金文总集》中的服用人参

先秦、两汉时期出土的汉书简上已有应用人参的处方，说明那时人们已经认识到人参对人类的药用价值并能实际应用。唐、宋是人参应用的鼎盛时代，现已发现的文本资料有百部之多。

最早人参药用记

有关人参药用最早的记载，当属西汉时期问世的我国第一部本草专著——《神农本草经》，书中曰："人参味甘，微寒，主补五脏、安精神、定魂魄、止惊悸、除邪气、明目、开心益智，久服轻身延年。"汉·张仲景的《伤寒论》、明·李时珍的《本草纲目》、明·陈嘉谟的《本草蒙荃》、明·刘文泰的《本草精要》等医学巨著中均有人参经方，并被推崇到"百药之首"的地位。

《神农本草经》书影

人参演变别名多

从植物学属类看，人参是五加科多年生宿根性草本植物，历朝历代都被称为"百草之王""万能圣药"，位列中医365种中药之120种上品中药之首，被誉为"上品君王"，尤其长白山区的人参，又位列著名的东北三宝之首。

人参有很多别名：

《吴代本草》谓：黄参、玉精、神草、久微；

《名医别录》载：土精、血参、人微；

《神农本草经》载：人衔、鬼盖；

《古事类苑》载：黄丝、人徽；

《吴普本草》载：贡精、地精、白物；

《文雅》载：海腴、皱面还丹；

《图经本草》载：百尺杵；

长白山俗称：棒槌。

再有，"人参"意同"人身"，发音相同，形体相似；人参每出复叶5片小

叶，靠其获得能量、维持生命——与人手作用相似；人参种子形同人肾，作用相同；人参根的芦、膀、艼、体、须，形同人的头、肩、臂、躯、腿；人参孕育生命时间与人类孕育生命时间同为270天，所以称其为人参。

【释名】人薓 晋参。或省作薓。黄参 吴普 血参 别录 人衔 本经 鬼盖 本经 神草 别录 土精 广 地精 广

【时珍曰】人薓年深，浸渐长成者，根如人形，有神，故谓之人薓、神草。薓字从薓，亦浸渐之义。薓即浸字，后世因字文繁，遂以参星之字代之。从简便尔。其成有阶级，故曰人衔。其草背阳向阴，故曰鬼盖。其在五参，色黄属土，而补脾胃生阴血，故有黄参、血参之名。得地之精灵，故有土精、地精之名。

去宅一里许，见人参枝叶异常，掘之入地五尺，得人参之根，四肢毕备，呼声遂绝。观此，则土精之名，人君废山泽之利，则摇光不明，人不生。观此，则神草之名，又可证矣。礼斗威仪云：下有人参，上有紫气。

海腴 皱面还丹 广雅

【修治】

【弘景曰】人参易蛀蚛，唯纳新器中密封，可经年不坏。一法：用淋过灶灰晒干罐收亦可。

【炳曰】人参频见风日则易蛀，惟用盛过麻油瓦罐，泡净焙干，入华阴细辛与参相间收之，密封，可留经年。凡生用宜咬咀，熟用宜隔纸焙之，或醇酒润透吹咀焙熟用，并忌铁器。

根 【气味】甘，微寒，无毒。

【元素曰】性温，味甘，气味俱薄，浮而升，阳中之阳也。又云：阳中微阴。

【普曰】神农、雷公：苦；黄帝、岐伯：甘，无毒。马兰为之使，恶卤碱、反藜芦。一云：畏五灵脂，恶皂荚、黑豆，动紫石英。

【别录曰】微温。

【之才曰】茯苓为之使，恶溲疏，反藜芦。

【震亨曰】人参入手太阴。与藜芦相反，服一两，入藜芦一钱，其功尽废也。

【李言闻曰】人参生时

【元素曰】人参得升麻引用，补上焦元气，泻肺中之火；得茯苓引用，补下焦元气，泻肾中之火；得麦门冬则生脉，得干姜则补气。

【主治】补五脏，安精神，定魂魄，止惊悸，除邪气，明目开心益智。久服轻身延年。本经 疗肠胃中冷，心腹鼓痛，胸胁逆满，霍乱吐逆，调中，止消渴，通血脉，破坚积，令人不忘。别录 主五劳七伤，虚损痰弱，止呕哕，补五脏六腑，保中守神。李珣 消胸中痰，治肺痿及痈疾，冷气逆上，伤寒不下食，凡虚而多梦纷纭者加之。大明 消食开胃，调中治气，杀金石药毒。元素 治肺胃阳气不足，肺气虚促，短气少气，补中缓中，泻心肺脾胃中火邪，止渴生津液。元素 治男妇一切虚证，发热自汗，眩运头痛，反胃吐食，痎疟，滑泻久痢，小便频数淋沥，劳倦内伤，中风中暑，痿痹，吐血嗽血下血，血淋血崩，胎前产后诸病。时珍

人参本经上品

西北上党参 东北长白参

最早人参环境记

据汉末《春秋纬》记载："瑶光星，为人参废江淮山泽之祠，则瑶光不明人参不生。"

这段话的意思是说人参生长条件极其苛刻。这里说的瑶光星，就是北斗七星（天枢、天璇、天玑、天权、玉衡、开阳、瑶光）中构把第一颗星，也叫紫微星，能够发出紫色光。

在长白山区流传着"上有紫气，下有人参"之说，可能是生长人参的环境是水汽氤氲，毫无污染，紫光透过雾气较强，故紫光能天地接气，如今大气污染严重，紫光难以与地气相通，所以，在长白山区野生人参资源也是越来越少，基本鲜有紫光出现了。

《春秋纬》记载

人参主产区变迁

从抚松县人参博物馆展示的内容可以看出人参产区发展变迁的大趋势，中国人参最早主产区在山西的上党。

东汉许慎撰《说文解字》中，对"参"字的演变有详细记述："薓，人薓，药草，出上党"，这是文献中对人参产上党的最早记载。

上党，唐时郡名。位于今山西省东南部太行山脉的长治、长子、潞城一带，主要是长治、晋城两市。海拔1000米以上，因与天为党，故称上党。

在唐朝《新修本草》中，有对于中国人参的主产区极为准确的记载，除记述人参"出上党及辽东"以外，还明确指出"今潞州（山西上党）、平州（河北省）、泽州（山西省）、易州（河北省）、檀州（北京市密云县）、箕州（山西省）、幽州（北京）、妫州（河北省）并出，盖以其山连亘相接，故皆有之也"。得知，

薓業

薓有園野之別由人力栽培者謂之園薓天然產於山野者謂之山薓又謂大山薓老山薓等名爲多年生植物有數十年數百年或千年者故爲關東三寶之一也掌狀複葉輪生花小白色六月間花落結實洛謂人薓果又謂棒棰花色紅奪目放山者於此時期因謂之跑紅頭大者成兩即爲最佳品普通者二四錢六七八錢即爲佳品三四兩者實所罕見至七八兩者百年不遇且論薓勢之優劣不論分量之輕重所謂緊皮細紋馬牙露疙疸鬚是也其麥勢有跨海牛尾龍形人形其名稱有散花五個葉二甲子（亦謂燈臺子）四批葉五批葉六批葉之分撫松地處邊陲山深林密出產頗多所以一班人結隊成羣入山求之謂之挖棒棰亦

《抚松县志》记载的1929年以前抚松县人参种植情况

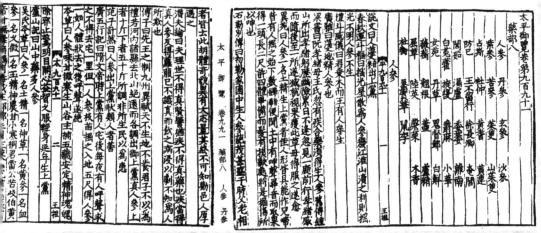

《太平御览》是宋朝太宗年间编撰完成的传世巨著。书中详尽记载了人参的出产地、药理药性，并详细记述了人参的用法用量和应用效果

唐代人参主产区在太行山、燕山以及东北的长白山地区。

根据《本草图经》《经史证类备急本草》等名著记载，宋代我国人参生产区较唐代向东扩大，伸展到黄河以东地带，一直绵延至泰山山区。分布在相当于现在的山西、河北、山东地区。说明，自宋代始，中国人参主产区逐渐向我国东部扩展开来。

当时，宋朝与辽东并立，女真人采集的人参与宋朝开展以物易物的贸易活动。因此，宋代已经在间接地开发和利用长白山区主产的人参资源。

由于历史上人们对太行山脉的人参开发较早，采挖频繁，加上生态破坏，气候的变迁使那里的人参绝迹。据明代《清凉山志》记载："自永乐年后，

长白山区适宜种植人参的针阔叶混交林地

这里的森林遭到严重的破坏，伐木者千百成群、蔽山罗野，斧斤如雨，喊声震山。川木既尽，又入谷中，深山之林亦砍伐殆尽，所幸存之一耳。"历代统治阶级视上党人参为珍品，连年采挖。森林的大量采伐，使人参生态环境受到破坏，终使太行山脉野生人参绝迹。

　　明·李时珍在《本草纲目》中说："上党，今潞州也。民以人参为地方害，不复采取。今所用者，皆为辽参。""古有人参而后绝。"说明在明代，上党参差不多已经绝迹了，而"辽参"也就是长白山人参已经列为珍品。

清朝时，更视人参为立国之本，救命之宝。人参可独立为药——"独参汤"，更推崇"生麦饮"——人参、五味子、麦冬。而此时，上党参早已难觅其踪，所以乾隆才有"而今上党成凡卉"的慨叹。

在漫长的发展过程中，人参逐渐向北迁徙到东北地区，最终停留在长白山一带。

长白山是亚洲东部保存完好的森林生态系统，这里浓缩了中温带到寒带的植物，动植物资源丰富多样，为人参营造了良好的生态环境。

人参对气候、环境苛刻的要求是由人参的一个鲜为人知的生理缺陷决定的。人参叶面没有吸收阳光的气孔和栅栏组织，无法保留水分，当气温高于32℃时，人参就会因日光灼伤而枯死。所以，野生人参必须生长在乔木、灌木、针阔叶混交林下的腐殖土中，这样乔木、灌木及人参周边的草木形成了立体屏障，起到了遮光的作用，使人参在漫射光的照射下完成了光合作用，只有这种环境才能满足人参喜光又惧光直射的生存条件。

清朝参票

特殊的生长环境、地域特征、气候特点等因素对植物药性的影响，使人参终成为标准的道地药材——百草之王。

而清朝近200年的封山，对野山参起到了很好的保护作用。清末民初至新中国成立后，长白山区原始森林遭到疯狂砍伐，因野山参的生存环境遭到严重破坏而数量锐减，只有长白山少数地域还有纯正的野山参。

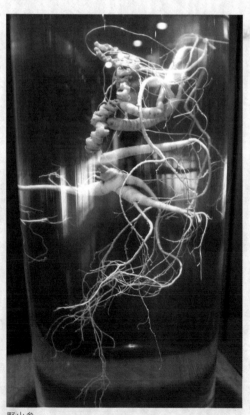
野山参

人参的各种形态

目前我们能看到的人参主要有：野山参、移山参、林下参及园参这4种基本的植物形态。

1. 野山参

纯野山参生长在原始森林下，其种子自然落地或经鸟兽传播，自然发芽生长。在生长过程中，没有任何移动和人工管理，生长于腐殖质土壤当中，具有芦、芋、纹、体、须五形俱全的特征。

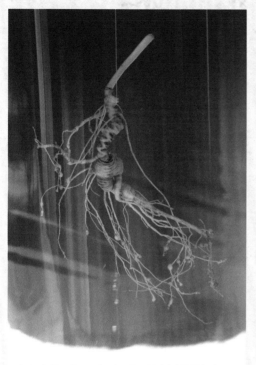

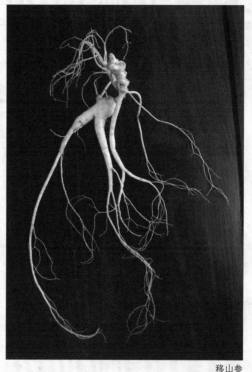

特大珍珠疙瘩野山参

移山参

2. 移山参

山参幼苗经人工重新栽植，任其自然生长若干年后挖出，因生长环境改变而形态亦发生变化。这种参参芦较短，出现转弯或钩形。多数皮粗、纹开呈扇形。

移植山参有3种方法，一是山移家（把山上的幼苗移入家中）；二是山移山（把山上的幼苗直接移栽）；三是家移山（选择形体好的园参移入山中）。

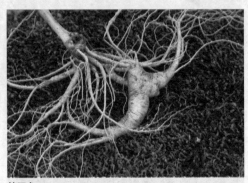

林下参

园参

3. 林下参

为了合理利用长白山自然资源，充分发挥立体宝库的生态效益，在长白山区森林之中大面积推广林下种植模式。林下参可分为籽参和移栽参，所谓籽参，就是把参园中的参籽直接播种在适宜的林下自然生长；移栽参是把在参园中两三年生的参苗移栽在林下自然生长。

4. 园参

经过长期移栽的人参称为园参，随着自然条件的改变，人参的植物学形态发生了变化。其特征是芦头短粗，主根圆柱形，质地疏松，横纹粗浅不连续，侧根多而短，须根错杂，没有珍珠疙瘩。

先扫封底二维码
下载专用软件
鼎e鼎扫码看视频
身临其境寻人参

放山有传承 凤龙亲经历

早在公元3世纪中叶，长白山区已经开始有人采挖人参了。

长白山区的人们把进深山老林寻找采挖野山参称为"放山"。原始森林中生存条件极其恶劣，为了生存和找到、挖掘、保存人参，客观上需要一些山规来约束人们的行为，更需要科学的技术和能力。经过千百年来历代放山人的实践，总结提炼，交流借鉴，逐步形成了一整套由专用语言、行为规范、道德操守、挖参技术、各种禁忌、野外生存技能、专用工具器物等构成的放山人自觉遵守的独特民间风俗，经过放山人师徒之间口传身授，世代相传至今。

放山习俗分布于长白山区，以抚松县最为集中。放山习俗中的崇拜信仰、思想品质、道德规范、环境意识、价值认同和传统技能，极大地影响着当地人们的精神境界和文化理念并升华为一种独特的人参文化，具有鲜明的地方特色，展现了中华民族杰出的文化创造力，体现了中华民族的人文精神，是中华民族古老的传统理念的遗存，具有很高的学术价值和实用价值。

放山人讲究平等互助，谦让友善，相互不争夺山场，卖人参的钱大家平分。下山时搭的仓子不拆，留给其他放山人用。还要留下火种和盐，以备救助他人。放山人懂得靠山吃山还要养山的道理，青山常在才能永续利用，体现了人与自然的和谐共存。

拉帮

进山

祭拜·搭地戗子

每年的春、夏、秋三季都可以有放山活动。依不同季节称为芽草市、青草市、小夹扁儿市、大夹扁儿市、青榔头市、花公鸡市、红榔头市、韭菜花市（又叫刷帚市），直到下枯霜为止。

在千百年的放山活动中，形成了一整套流程，至今山里人还在严格遵守。

拉帮→进山→祭拜·搭地戗子→观山景→压山·打拐子→叫棍儿→开眼儿→喊山·接山·应山·贺山→抬大留小→砍兆头·撒参籽→"拿觉"·"讲故事"→下山→还愿

观山景

压山·打拐子

叫棍儿

开眼儿

喊山·接山·应山·贺山

抬大留小

砍兆头·撒参籽

"拿觉"·"讲故事"

下山

还愿

放山工具有哪些

指南针：长白山山高林密，遇上雨天方向难辨，放山人要依靠指南针辨别方向。

戥子秤：专门用于称野山参的秤。

先扫封底二维码
下载专用软件
鼎e鼎扫码看视频
身临其境寻人参

索拨棍：也叫索宝棍，五尺二寸长的木棍，顶端用红绳拴两个铜钱，以"辟邪"，铜钱忌用带"道光""光绪"等字的铜钱。索拨棍的作用主要是用来拨草寻参和防身，也是放山人互相联系的工具。

棒槌锁：一根三尺长的红线绳，

快当签子、棒槌锁、戥子秤

快当斧子、快当铲子、快当剪子、大烟袋

两端各拴一枚铜钱。发现人参喊山之后，立即用棒槌锁"锁住棒槌"，防止棒槌"跑掉"。

快当签（钎）子：取鹿角顺直的一段，削磨熏制成六寸长的签子，用来挖参。鹿角坚硬光滑，不易划伤人参。

快当斧子：短柄手斧，抬参时，

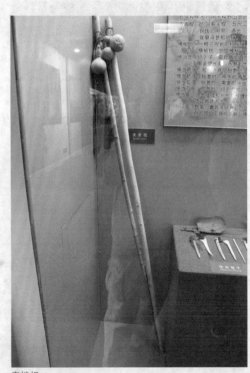

索拨棍

备注：一尺 ≈ 33 厘米，一寸 ≈ 3 厘米。

用于砍断棒槌周围较粗的树棵子。

快当铲子：抬参时，用于把人参周围的落叶和土层仔细铲去。

快当剪子：抬参时，用剪子把人参周围的细树根和草根剪断。

快当刀子：挖参时，碰到草根、细树根就用快当刀子割断，免得弄断了参须。

靰鞡鞋

快当锯：人参往往和树根草根缠绕在一起，树根有弹性，粗树根不能用斧子砍，防止震坏人参。要用"快当锯"锯断人参周边的树根。

银筷子：野菜、蘑菇等做熟后，吃前用银筷子试其有没有毒。

在放山工具前面加"快当"二字，发音源于满语"霍勒汤"，表示吉利、顺利的意思。

腿绑

木勺、木瓢

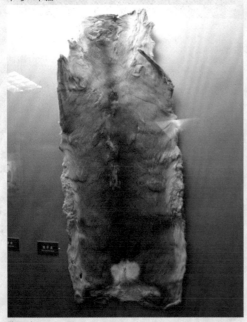

狍子皮

簑衣

参包子
Gingseng Pack

参包子　　　　　　　　　　　　油壶　　　　　　　　　　　　兆头

小背筐、木把锯　　　　　　　　　铜吊锅、小米

放山把头之传说

关于"老把头"的传说，也是说法不一，据考证主要有以下3种说法：

1. 孙良说。孙良，山东莱阳人。据考，明末清初，为给年迈的老母亲治病，与同村一乡亲来到长白山挖参，在深山老林里失散。为寻找同伴，死在蝲蛄河畔，留绝命诗一首。长白山区的放山人为纪念孙良，尊其为老把头。

2. 土人说。《抚松县志》载："老把头不详何许人。相传系放山者之鼻祖，土人……"；"三月十六日，此日系老把头之生日，现在放山者均祀之。是日，家家沽酒市肉，献于老把头之庙前。抚松人民对于此节极为注重，然他处无之。"

3. 老罕王说。相传清太祖努尔哈赤小时候经常在长白山放山。努尔哈赤称汗王后，被人们崇为放山老把头，并立庙祭祀。

以上3种说法，笔者个人观点还是认为孙良说可信一些，我想老百姓更愿意把一位重朋友讲信义的放山人当作心目中的老把头，因为他更贴近生活，而不是高高在上的帝王，所以才奉孙良为老把头，当神来祭拜。

抚松县把头祠内供奉的山神老把头

山神老把头孙良

　　传说从前，山东莱阳有个叫孙良的人，他母亲患重病，老中医说关东山人参能治这个病，孙良非常孝顺，便告别新婚不久的妻子只身翻山过海来到关东山大森林，在这儿遇到一个名叫张禄的山东人，也来到关东山挖参。两人结拜为兄弟，孙良为哥，张禄为弟，同吃同住同放山。有一天，两人分头进山，晚上孙良回到地戗子，但张禄没回来，孙良连宿搭夜地进山寻找张禄，连找了三天三夜，没吃没睡，感觉熬不住了，倒在一条古河边，捉到一只蝲蛄吃了，有了点精神，就捡起个小石头，在河边一块大石头上写下了流传至今的"绝命诗"：

家住莱阳本姓孙，翻山过海来挖参。

路上丢了好兄弟，找不到兄弟不甘心。

三天吃了个蝲蝲蛄，你说伤心不伤心？

家中有人来找我，顺着蝲蛄河往上寻。

再有入山迷路者，我当作为引路神。

又简单写了自己来关东山挖参的情况，然后又顺着小河往上游走，继续寻找张禄，没走多远再次倒下，永远闭上了眼睛⋯⋯

孙良心地善良，对朋友讲情义。放山人都非常尊重他。传说他死后掌管长白山，保护放山人不遇上狼虫虎豹，当穷人遇到困难或危险时，都会得到老把头孙良的帮助。孙良已成为长白山区百姓的保护神。

传说，农历三月十六，是孙良的生日，所以每年的这一天，长白山人参产区都要举办盛大的祭拜老把头的活动，成为长白山区独特的民间传统节日。

老把头与人参王

相传，人参的老祖宗是参王，放山人的鼻祖是老把头，老把头是山里人尊崇的山神。参王和老把头皆为神仙，却是一对天生的冤家。两位神仙已经在长白山深山老林里玩儿了数千年的捉迷藏。

随着放山的人越来越多，山参的数量越来越少。参王为了保护自己的儿孙世代繁衍不绝，就去找老把头求情。初，老把头不允。说："人参养生治病，理应被人所用；靠山吃山，你不让挖参，放山人怎么生活？"参王无奈，只好

长白山区茂密的森林植被

委曲求全，就对老把头说："你若答应我三件事，从今以后我可以矮你三分。"老把头笑道："说来看。"参王讲："第一件，老的别挖，人参天生娇贵，生长百年不易，数量极少，理应助其成仙；第二件，小的别挖，别干绝户事；第三件，每次只挖三苗，不可贪婪。"老把头觉得参王说得在理，便与参王言和，并依参王所说立下规矩。于是，参王就比老把头矮了三分。

从此，放山人皆遵守老把头立下的规矩，直到今天。

长白山区村落里的放山老把头塑像

凤龙放山万良镇

2014年8月1日，抚松县万良镇朝阳村。

要不说朋友多了就是好办事，为了让我真实地感受深入长白山寻找野山参的生活体验，抚松县万良镇的领导特意安排朝阳村的几位有经验的放山人带我进山，能亲自参与放山活动，感受放山人的辛苦与快乐，想想心中都莫名地激动。

上午9点整，在万良镇朝阳村书记管恩友的陪同下，前往朝阳村一个很偏僻的小山坳，那里住着一位叫牛庆龙的人，听说他祖父辈就是这一带有名的放山把头。只是通往那里的土路不但太难走了，而且还要跨过一条小河。村里正在修路，桥刚修出模样，还不能通行，只好顺着河床涉水强行通过。由于前几天我们在集安新开河人参基地考察时，进山涉水刚刚被磕丢越野车的前保险杠，此时还心有余悸，如今又要涉水而行，并且还是在流水的河床里，我的心一下子提到了嗓子眼儿。好在河床很踏实，总算有惊无险地到达了河的对岸。

车是不能再往前开了，只好留下司机守候，全体人员徒步走进小山凹里那户孤零零的人家。进院才知道，几位放山人已经等候多时。感谢万良镇朝阳村的朋友们。

按照放山的规矩，大家先得在一起开个会，商量一下进山的事情，这在放山活动中叫"拉帮"，也就是几位志同道合的人拉帮结伙去放山。拉帮也是有

拉帮

很多讲究的，首先人品得好，乐于助人，按现在的话说就是要有团队精神。

放山讲究"去单回双"，双数吉利，放山人把在山里挖到的人参当人看，去"单数"比如说一、三、五、七、九……一个人放山叫戳单棍儿。挖到野山参就是"回双"，这也是寄托着放山人美好的愿望。所以，我们今天共5个人去放山：牛庆龙、李忠诚、徐洪全、张成龙、徐凤龙。

放山的专用器具物品等，把头牛庆龙早已准备好了。比如：索宝棍、快当签子、棒槌锁、快当斧子、快当锯、快当

先扫封底二维码
下载专用软件
鼎e鼎扫码看视频
身临其境寻人参

51

剪子、快当铲子等。我们此行主要是简单地再现放山的过程，不能在山里住，而真正放山当天是回不来的，十天半个月才可能下山，所以还得带着狍子皮，人睡在上面隔潮、保暖。携带轻便的吊锅、碗、瓢等简单炊具餐具。放山人的主食是小米，耐潮，营养高，好做易熟，或者是山东大煎饼长时间不坏。还得搭地餃子（窝棚）住人，用木杆支架苫树皮防雨，里面铺上草和狍子皮，作为放山人临时的家。晚间要在窝棚前点火堆，火堆能够驱赶蚊虫，防止野兽，去潮气暖身和为迷路的人指引方向。烧的柴禾要顺着摆放，取顺利之意，由把头点火以示尊重，放山人每天从这里出发去不同的山林寻找野山参。

进山

焚纸拜山

我们今天的放山活动相对省略了一些环节，准备停当之后，把头牛庆龙一声令下，大家背起行装向山里进发。

进山第一件事是祭拜山神老把头。当地如果有把头庙就要去庙里，也可以用三块石头搭成老爷府（山神老把头庙），还可以在一棵最大的树前烧纸上香祭拜。这里没有合适的石头搭老爷府，就在一棵大树前，众人把手中的索宝棍戳靠在大树干上，垂手而立。把头牛庆龙从背包里取出带来的烧纸点燃（此时不是防火期），口中念念有词：山神老把头，您老人家保佑我们进山平安顺利，开眼儿，拿到大棒槌，拿到大货，我们下山时，蒸馒头买猪头来答谢您。李忠诚也及时点燃3炷香供上，然后大家依次虔诚地磕头跪拜。

牛庆龙说：围着把头转吃饱饭，爷爷的爷爷都在这片山场子拿过大棒槌，在这山上还有老埯子（老埯子：曾经挖过人参的地方）。

拜山

排棍压山

长白山野山参资源几尽枯竭，但经常放山的人在放山的过程中，秉承抬大留小的祖训，在老参埯子周边，还是能够找到野山参的。其中有些是放山人已经发现了，但感觉稍小或行情不理想而故意做好记号不抬，所以跟着有经验的放山人还是能够拿到货的，于是大家依次跟着把头进山。

首先由把头看山场子，行话叫"观山景"，即通过山体的坡向、树种来判断，坡向以东南坡为多，西北坡少见，树种以针阔叶混交林也就是椴松树混交林为好。观好"山景"后，大家开始压山。压山又称开山、巡山、压趟子、撒目草。也就是手持索宝棍拨拉草丛搜寻野山参。

压山时，帮伙人员要分工，叫"排棍儿"。把头为头棍儿，中间的人称腰棍儿，排在最外边的称边棍儿，边棍一般由二把头担任。人与人之间的距离，以手持索宝棍能搭头为准。压山时头棍儿和边棍儿边走边"打拐子"（打拐子：折断树枝做记号）。

我们排棍的顺序是：

把头：牛庆龙→腰棍：徐凤龙、李忠诚、张成龙→边棍：徐洪全

第一次跟着放山的人叫"初把"，一般"初把"都是在腰棍的位置上，所以，我的位置紧挨着把头牛庆龙。

排棍压山的时候，谁也不许乱讲话，按放山的规矩你说什么就得背什么，直到"开眼儿"——挖到人参为止。这可能是提醒放山人要聚精会神地仔细寻找，如果因为说话分神而把人参遗漏了、看花眼了那都是不可饶恕的，所以，我们每个人都集中精神仔细搜寻。

就这样，从一个山坡压到另一个山坡，突然听到把头在叫棍，也就是敲

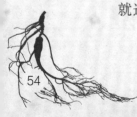

打树干。这其中的门道我也知道，把头敲一下，大家分别跟一声，这是在清点人数；把头敲两下，意思就是暂停，也叫"拿火"，人们长时间很集中精力地在大山中搜寻野山参，不但身体疲劳，眼睛也疲劳，容易看花眼，中间休息休息抽根烟，以便在接下来的放山过程中能够保持体力和精力，更好地发现野山参；把头敲三下，就是今天放山结束，下山回戗子。

拿火

听到把头牛庆龙敲两下树干暂停的指令，大家都停下来围拢在把头周围。坐下休息的时候也有讲究，谁都不许坐树墩子上，那是老把头的饭桌，坐树墩子上休息是对老把头不敬，放山不开眼儿。众人乖乖地折了一些树枝子垫在屁股下休息。

这几位放山人都抽烟，而我从来就不抽烟。实际上，放山的人一定要带足烟，因为在大山里面会出现很多突发情况，比如蚊虫、毒蛇叮咬等等，抽烟的人身上有股烟味，蚊虫毒蛇等嗅到烟味儿就避开了，而看到蛇又是好事，蛇是"钱串子"，预示着即将挖到大人参。实际上，此时已经到了人参红榔头市的季节，红红的人参果可能吸引小鸟来啄，而蛇正好趁机埋伏在人参旁捕捉小鸟，所以，在长白山有很多大蛇守护人参的传说。

拿火时，牛庆龙说，刚才压过的这片山场子还是应该有货，他记得这里有老参埯子，按照山里抬大留小的规矩，起过大货的老参埯子周边还有可能有棒槌，经过商量，决定拿火之后翻趟子，也就是向回压山，没在这片山场子找到货大家有点儿不死心。

休息片刻，众人起身继续翻趟子压山。大家起身的同时，都把屁股下坐着的树枝子翻过来，口中念叨着："临走掀掀屁股垫，前面看一片儿（片儿：同时发现五苗以上的六品叶野山参）"。

在放山的所有过程中，时刻都有讲究，所有讲究都寄托着放山人美好的愿望。

我磕磕绊绊地跟在把头旁边，用索宝棍努力地在草丛中扒拉搜寻，心中企盼着能最先发现人参，同时也暗暗告诫自己，如果真的先开眼儿看到人参，一定要瞅准才能"喊山"，否则看不准喊"诈山"了，那是不吉利的，弄不好还会被把头给撵回去。就在我全神贯注地在灌木下、草丛中拨拉搜寻的时候，突然听到把头牛庆龙大喊一声"棒槌"，众人一激灵，同声问道"什么货"，"大四品叶！"众人嘴里纷纷喊着"快当快当"，赶紧聚拢过来。

原来，这又是放山的一个程序，也是放山人最激动人心的一刻。

喊山、接山、应山、贺山。

所谓"喊山"，就是在放山的过程中，无论谁先发现人参，都会大喊"棒槌"；听到喊山，众人会本能地问一句"什么货"，也就是询问一下棒槌的大小，这就是"接山"；喊山的人仔细辨认后，会告诉大家发现的人参大小"大四品叶"，这是"应山"；众人听到人参的大小，会同时说"快当快当"，是"贺山"。"快当"是满语"霍勒汤"的发音，意思是"顺利"，放山找到了人参，当然顺利了。

第一次在长白山原始森林里发现人参，我激动地用双手紧紧握住人参茎，生怕人参变成人参娃娃跑掉。

仔细观察，这确是一棵四品叶人参，果子已经成熟了，很饱满。这就是大自然的法则，八月初，正是山花凋落孕实的季节，野花已经很少了，如果没有这耀眼的红榔头，是很难在这万绿丛中寻到这一点红的。

锁棒槌

把头牛庆龙从背包里掏出用红布包着的抬参工具，拿出"棒槌锁"将人参"锁住"。所谓"棒槌锁"就是用一根1米多长的红线绳，两头各拴一枚铜钱，铜钱不能用"道光""光绪"，"光"就是没有的意思，不吉利。锁的时候，在树上折两根带叉的小树枝，枝丫朝上插在人参的两侧，将"棒槌锁"上的红线绳缠绕在人参茎上，再把铜钱挂在两端，这样，人参就"跑"不掉了。

其实，人参是不会变成人参娃娃跑掉的，可能是放山人连续多少天千辛万苦地搜寻，身心已经疲惫不堪，好不容易在万绿丛中找到棵人参，又不小心碰掉了地上标志物，如红榔头等，与绿色植物混在一起而找不到了，于是就有人参变成娃娃跑掉的传说。不管怎么说，看到把头用"棒槌锁"锁住了人参，心里踏实了很多，还别自以为是，按规矩来没错。

今天的主抬参手是徐洪全，此人心很细，有很丰富的放山经验。

山里蚊虫比较多，为防止徐洪全聚精会神抬参时因蚊虫叮咬而下意识抬手驱蚊虫伤到人参，从现在开始，所有人都围绕他做着各自的辅助工作。

牛庆龙折来一段树枝，站在身后轰赶蚊子；张成龙在前面点燃一小堆干树枝，燃烧起来后在上面盖上青草，冒出浓烟驱蚊虫。

李忠诚负责剥桦树皮，一会儿用来打参包子。打参包子用的树皮也是有讲究的，桦树有外皮和内皮，外皮被剥掉后因有内皮保护而不会死掉，其他树种剥了皮可能就死了。人怕打脸，树怕剥皮嘛！

烟熏蚊虫

剥桦树皮

在5个放山人当中，只有我是初把，所以也只有看的份儿。可咱也不能闲着不是，于是赶紧掏出仪器进行精心测量并作好记录。

用GPS定位仪测量万良镇朝阳村发现野山参的位置：

海拔606米，北纬42°25′39.9″，东经127°12′00.9″，当时温度：27.4℃，相对湿度79％。

聚精会神抬参

要说抬参，这可不是谁都干得来的活儿，那得具有丰富的经验并有绝对耐心的人才能胜任。

徐洪全趴在地上聚精会神地用快当剪子剪去棒槌周边的杂草，然后就用快当签子一点一点地拨一会儿吹一口，拨一会儿吹一口，如果换成是我，可能早就吹晕了头。

拨开棒槌根部的土层，发现周围有很多杂草的根须与棒槌搅在一起，稍有不慎，就有可能伤到棒槌的根须。真正的抬参高手，哪怕是发丝那么细的参须都不能伤到，据说参须一断就"跑浆"了，棒槌的成色也就会打折扣。

经过半个多小时的拨吹、拨吹，棒槌的芦头已经露出来了，同时还能看到棒槌根部身体的一部分。经验丰富的放山人一看，就知道此参品质不错。

把头牛庆龙说，这个体形俗称"跨杆"，是山参中的极品形态。你看，这苗参颜色金黄，横纹清晰细密，横跨生长状态，这就是所说的"锦皮细纹过梁体"，看来我们今天挖到宝了。

随着棒槌一点点地露出地面，徐洪全决定剪掉人参地上茎叶部分，不然，再向下挖，棒槌的果、叶重量可能会使茎弯曲，保不准会影响到下部的小根须。我接过被剪掉的棒槌地上部分，如宝贝一样拿在手中，时刻不肯离手。

比外科手术有过之而无不及的抬参过程

时间已经过去了一个多小时，棒槌也只是露出来一小部分，如果还是按照传统方法抬参，可能今天就抬不出来了。在过去年代里，放山时如果碰到老山参，抬参也可能都得用上一两天的时间。此时早已过了中午时分，把头决定用"暴力"方法抬参，所说的暴力方法，就是以棒槌为中心，以0.8米为半径，用快当斧子向下斩断所有杂根，然后慢慢地把杂根及里面的棒槌一起抬出来。当然了，用这种"暴力"抬参方法是有很大风险的，极有可能碰断其中的哪条根须，那损失可就大了，今天用这种方法也是无奈之举，我心中只能默默地祷告，可千万别伤到人参的须。

山参露真容

等把头牛庆龙与徐洪全合力抖掉一部分残土之后，看到这棵野山参就藏在这些盘根错节的杂根之中，不敢想象，这苗人参几十年间就是这样顽强地与这些杂根争着营养，足可见她的生命力是多么的顽强啊！

徐洪全的手指在刚刚用快当斧子砍杂根的过程中不小心被碰出血了，但他还是如剥茧抽丝般细心地剥离着每根杂草根。在张成龙的配合下，用剪刀一点点剪去杂根，这得有丰富的放山经验才能在错综复杂中分辨出哪条是杂草根，哪条是人参须，稍有不慎就有可能剪断根须，其复杂程度，比外科手术有过之而无不及。此时，我只有看的份儿，已经完全不敢伸手乱碰。时间一点点地过去了，野山参的根、须也逐渐地显露出来，从整体形态上看，已经初步断定此参年龄至少30年。

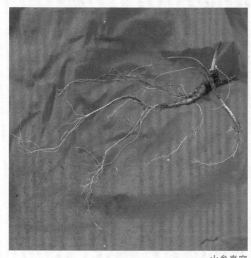
山参真容

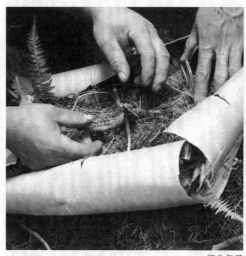
打参包子

从发现到整棵棒槌被抬出土，整整用去了两个多小时，一棵毫发无损、体态修长、根须飘逸得像飞天一样并且透出一股仙灵之气的野山参呈现在众人面前。

这是上天的恩赐，也是我们所有放山人的造化。

这棵野山参大约三四钱（十二三克）重，虽然跨杆一侧有条腿在地下被

打参包子

虫子吃掉了，但丝毫不影响此山参的品质。

接下来就是打参包子。徐洪全用两张桦树皮横竖排列，以相互抵消桦树皮卷曲的张力，先铺上一层当地人称为"野鸡膀子"的植物，再铺一层苔藓，将这棵珍贵的野山参小心地放入其中，参的上面盖上苔藓，再盖一层"野鸡膀子"，然后合拢桦树皮，用挖出来的树木根须横竖打两道要子，这就是完整的打参包子。据说，过去放山的一帮人要在山里住些时日，这样的参包子可以长时间保存人参，由于苔藓含有水分，包参时再撒上参埯子中的原土，可以十天八天或更长时间保护人参不变质、不变形。

本来我以为放山到此结束了，徐洪全说，还得"插花"。插花，就是在抬出人参的地方，插上树枝，柳

64

树枝最好，插柳成荫嘛，未来这里可能会长出一些小柳树来，后人放山再走到这里时，发现这里有小柳树就会想到是不是有老参埯子，插花的目的，其实是在为后人指路的。插上树枝后，徐洪全又叨咕一句："插上花，拿她妈"，也就是期盼着在接下来的放山活动中还能挖到更大的"棒槌"。

"抬大留小"是放山人不成文的规定，谁也不敢做绝户事，把大参抬走后，还要把参籽种在老埯子周围，才能使长白山区的野生人参生生不息，永远为人类造福。这棵人参上共有9粒种子，据说每粒种子里面有两颗参籽，9粒种子就是18颗参籽，真心希望未来在这里能够再生长出山参，那样，我们的后代就又能享受到大自然的恩赐了。

种完参籽后，就是"砍兆头"

收获山参

抬大留小，种子留下

了，所谓砍兆头，就是在树干上砍掉一块树皮，左上角砍几道痕，代表放山人数，右下角砍几道代表在此抬出的参是几品叶，其实也是在为后人指路。徐洪全说，如果是砍在松树干上，还得烤脸，就是做好记号后用火把兆头的位置烤一烤，以免多少年以后松油把兆头盖住，那样就看不清了。后人有幸再找到这里，想看清楚当年几个人在这儿挖到几品叶的人参，就得给兆头"洗脸"，也就是用火烤，去掉松油，直到看清楚为止。我们的兆头不是砍在松树干上，也省去了火烤的程序。

今天，我们也只是象征性地演示了一下放山的基本程序。而真正意义上的放山，还有很多说道，比如说，进山后就要搭地戗子，这是放山人的大本营。搭地戗子，就是搭马架子，外苫树皮，内铺乌拉草，门前挂个吊锅，专门守家做饭的人叫"端锅"。睡觉时要头里脚外，主要是防野兽。再有就是晚上要在饧子门前架火堆，目的是防野兽，驱蚊虫，防潮防寒，还可能为"麻达山"的人指条活路。柴禾堆在火堆旁要顺着饧子摆放，有句话说得好："柴禾摆顺当，放山就快当"，还有就是绝对不能用火堆里的柴火点烟、烧东西，更不能往火堆里撒尿。

砍兆头

这里所说的"麻达山"就是在山里转向了。"麻达山"时，首先要看大树根部苔藓辨别方向；看河流方向，顺着河流方向能走出山外；听动物的鸣叫，比如老鸹的叫声，老鸹往往在有人居住的地方做巢；寻找拐子也是辨别方向的好办法。总之，麻达山是很危险的，听说早些年经常有麻达山的人走不出大山送命的。

离饧子下山有这么几种情况，挖到许多人参，够本了；多天不开眼儿，粮食不够吃了；多天不开眼儿，开眼儿是棵"四品叶"；喊诈山，喊错了。无论哪种情况，离饧子时一定要留一部分食物、食盐、火柴等生活必需品，一为留给其他帮伙用，二为一旦有麻达山的人遇到饧子就有救了。

最后，放山回来后还要还愿，许啥愿还啥愿，不能许愿不还。一般是带

作者采访放山人

山门

着猪头、馒头、菜肴、香、烧纸、鞭炮。由把头手指蘸酒点三下，一向天敬天神，二向地敬地神，三向山祭山神老把头。然后，众人吃完供品，仪式结束。

在抚松万良镇朝阳村放山第二天，我专程去位于抚松县城北郊那座庄严肃穆的老把头祠真诚地祭拜！

先扫封底二维码
下载专用软件
鼎e鼎扫码看视频
身临其境寻人参

焚香敬拜

古有朝贡道 今看趴货王

中国人参贸易史

有文字记载的人参贸易，首先是通过朝贡的方式进行的。宋《册府元龟》记载唐玄宗年间，新罗王金兴光先后遣使进献贡品，其中均有人参，有时达100千克。

渤海"朝贡道"途经抚松路线图

据《明辽东残档》记载，从万历十年（1582）七月至第二年三月，仅8个月中，海西女真人从开原广顺关与镇北关入市交易共26次，女真人出售人参1733.75千克，足见此期人参贸易之显赫。

到万历三十五年（1607），明朝采取突然关闭辽东马市、互市的措施，停止了人参的交易活动，以迫使女真人降低人参售价。史料记载：明万历三十七年（1609），熊廷弼任辽东巡案使期间，决定两年不买女真人采集的人参，结果使女真人的鲜人参腐烂大约50 000千克。可知当时我国东北地区出产人参的盛况。

清代，统治者在采取多种采参制度垄断人参的同时，又摧残人参栽培事业，视"秧参"为伪品，不准药用。与邻国进行着极为少量的交流。

渤海"朝贡道"事记

唐朝时期粟末（满族祖先）崛起，于公元698年在东北建立地方民族政权——渤海国。在现今的抚松境内设置"丰州"，抚松新安古城即为当时丰州治所，是渤海"朝贡道"上的险要城池，为连接渤海都城与唐朝都城长安的重要纽带。

渤海国为了加强与周边民族和邻国的关系，以其王国的都城上京龙泉府（今黑龙江宁安东京城）为中心，开辟了5条交通道路，这5条朝贡道分别为：鸭绿道、营州道、契丹道、日本道、新罗道。

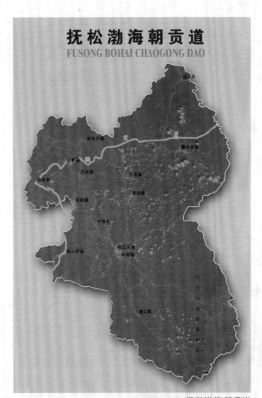

抚松渤海朝贡道

在《渤海国记》"朝贡中国"篇中记载：公元925年，即唐庄宗（李存）同光三年二月，遣少卿裴璆朝于唐，贡人参、松子、昆布等。这里，将人参列为贡品之首位。

后唐明宗（李嗣源）天成元年（公元926年）220余年间，遣使团116人，人参、昆布、白附子、虎皮等。这里将人参列在人之后，仍为贡物首位。

从唐中宗（李显）神龙元年（公元705年）到唐昭宗天祐元年（公元904年）的200年中，渤海国入唐朝贡94次，贡物人参主要是在汤河口（今抚松县仙人桥镇）采挖的上等老山参。

据史料记载，人参在清朝时每斤价格要几百两白银，仍是皇家和达官贵人才能享用的，现如今野生人参即便走入民间，每斤价格依然在数十万甚至数百万元之间，非普通百姓所能享用。

中国人参在国外

早在17世纪，中国人参就被介绍到欧洲各国，1631年来华的葡萄牙人鲁德昭在撰写的《中华大帝国志》中第一次提到了中国的辽参。1675年俄国驻中国使节恩·克·斯卡法利，在其所著《在宇宙的首端——亚洲有一个由无数城镇和省区构成的伟大中国》一书中对中国人参进行了描述。

然而详细介绍中国人参的是法国人杜德美，他在1708年随康熙皇帝去辽

东，访问了长白山人参产地。他在1711年4月发往巴黎的信中，对中国人参产地、采制及功用等，做了权威性的说明。之后，中国人参传到了加拿大等北美国家，他们根据人参的记载和植物标本，1716年在加拿大南部森林中也发现了"人参"，这就是西洋参。

近代人参贸易广

东北所产人参，在新中国成立前均由各地山货栈包办经营，主要在营口、大连、安东（今丹东）等港口集散。东北人参到达各港口后，由京帮、沪帮、广帮等行帮的货栈采购，再由他们转销至国内各地，或组织出口。营口自从开港到1932年为止，一直是东北人参最大的集散港口，在1925前后的几年中，每年集散的数量可达10万千克，约占东北人参输出总量的70%以上。

关东人参交易市

《抚松县志》载，清朝封禁期间，关内农民闯入长白山者"岁不下万余人"。光绪年间开禁后，抚松开始大面积种植人参。1914年抚松县成立参会。当时，北岗、东岗、西岗"三岗营参园，营业共七百四十余家，年可出参二十八万斤，每斤能值炉银五六两，出产额约占全国十分之七，总销售营口，分销全球，实为我国特别之出产"。

人参交易两市场

　　吉林省抚松县万良镇人参交易市场，是中国最大的人参集散中心。2014年7月31日，我在万良镇采访时，正是人参种子上市交易的季节。从人参种子交易现场看，交易很活跃，量很大，说明人参种植在长白山区的普及性。

万良人参市场夜景

　　人参籽成熟后，经过采摘、搓揉去皮、漂洗等步骤就露出了人参种子的真容，黄白色的参籽儿饱满成实，有了人参种子，就有了五六年后的期盼，难怪，无论是买参籽的还是卖参籽的，满脸都是喜悦！

万良人参交易市场

　　每年的白露节气前后，正是长白山人参作货（起人参）的季节，也是万良人参市场最繁忙的时候。白山地区及周边地区的5~6年生的成熟人参基本都运到万良镇，那个季节在万良人参市场真可谓商贾云集，各地参商从世界各地聚集在这里选购适合自己的鲜参。

参农每天天还没亮，已经来到参园准备开始一天的劳作了。在各自的参园中，一直高强度地作货到下午3点钟左右就必须把起出来的人参装袋运输到万良人参市场进行交易，无论多大的量，基本都是当天起出来的人参，晚上必须交易完成，所以，在万良镇的人参交易市场，在这个季节，每天都是通宵达旦，人声鼎沸，当地人戏称万良镇晚上人参交易市场是"鬼市"。也难怪，参农白天要从参园中把成熟的人参起出来，只能在晚上完成交易。参农带着满脸丰收的喜悦和一身的疲惫，回到家中经过短暂的休息，第二天天还没亮又投入到新一天的劳作之中。参商经过讨价还价也收购到各自中意的鲜参，这些收购到的鲜参会立即被送到人参初加工厂进行筛选和清洗，经过一系列的加工程序，逐渐成为我们在市场上看到的那些人参产品的模样。

作者在万良人参市场考察

清河林下参参行

通化清河人参市场

　　吉林省的人参交易市场目前看来以抚松县万良镇和通化市清河镇这两个市场为主，其中，万良以园参交易为主，量大，产出比较集中；清河主要以林下参交易为主，量不大。由于林下参接近野山参的性质，所以利润空间也不一样，有时一批林下参在市场上短时间内就被转卖好几手，交易形式和万良的人参市场不太一样。集安林下参种植比较成功，参龄有三四十年的货，一般来讲16年以上的林下参就等同于野山参了，更何况是几十年参龄的林下参。

　　由于通化所辖集安地区的人参加工能力比较强，很多园参不用到市场销售，在参园里就地取样已经交易完成了，因此，在集安地区看不到像万良镇那么大规模的园参交易市场。

　　说集安能够种植林下参，主要是这地方的小气候及土壤特点形成的微观条件适合林下参的生长，大大延长了人参的生长周期，行话所说的"靠货"，也叫"趴货"。趴货是根据地域特点形成的一种栽培方法，目前看，只有集安的趴货种植比较成功，其他地方种植成功的不是很多。这也成为了集安林下参的一大特色。从狭义上来讲，趴货就是把6年生的园参选形好的移栽到在林下"趴"，也有在园子里的"趴"。年头比较长的趴货品质基本接近野山参，科学实验证明，15年以上的林下参就可以称为野山参了，更何况那些在林下或参园中"趴"了二十多年的老参，其药用价值可想而知。

先扫封底二维码
下载专用软件
鼎e鼎扫码看视频
身临其境寻人参

作者在万良人参市场考察人参种子上市

77

趴货大王赵德富

2014年5月份，我在集安考察当地的人参资源时，集安市前人参研究所所长郑殿家老师就跟我反复提到过，说集安的趴货很有地域特点，有个叫赵德富的人种的趴货最好，年年在参王评比中拔头筹，号称世界人参趴货大王。

2014年9月16日，我来到通化地区集安市台上镇刘家村考察，初识赵德富，印象不错，敦厚朴实的外表，古铜黝黑的肤色，真诚与自信的脸庞透露出坚定的内心世界。

老赵的趴货参园位于刘家村后圈大坡地，没见真容之前，我还以为这里的趴货参园会很大，实际情况并非如此，眼前就两个参棚，参棚的下坡段已经作货（起人参俗称作货）完成了。细看感觉这里的人参的确与以往所见不同，最直观的感觉是，这人参的茎咋这么粗，秧咋这么高，叶子也明显比我们以往所见大得多，并且参茎均呈紫色，确实有些看头。

老赵在参园边上找来起参的工

通往集安趴货参园的路

雅贤楼茶文化

CHANGBAISHAN RENSHEN

长白山人参

一参十茎世上罕见

具，感觉也很粗犷，一把专用铁镐，一把铁锹，还有几根木头签子，好简单的作货工具。

赵德富边收拾边说，这是他精心呵护了22年的大趴货，很珍贵，价格也高。前几天共起出来两行参，第一行共5棵货，其中有3棵大货，最大的1棵重750克，卖了45 000元，另外500克重的1棵，400克重的1棵，这两棵参被一个人以20 000元拿走了。还有两棵品相不太好的各卖2000元。这一行算下来共卖了69 000元。第二行共3棵货，总共卖了66 000元，最大的1棵1000克重，因为这棵大参参体上有点锈，只卖了40 000元，还有1棵卖18 000元，稍小一些的卖了8000元。这两行大趴货在地里就卖了135 000元，在长白山区来说，这两行参的产值算是最高的了。

老赵还得意地说，去年在对面参床上抬出的一棵大参整整卖了20万元，在坡下的参园中曾抬出过1棵1700克重的大趴货，被评为当年的参王，卖了40万元。过去，我的趴货好一点儿的能卖2万多，稍差一点儿的也能卖1万多元，今年这两行参的产值比过去都突破了。

2014年9月19号，要在通化清河人参市场举办每年一届的评选参王活动，本不应该今天起货，但为了让徐老师感受一下大趴货参的魅力，还是决定提前两天抬货。今天准备起的第二行中有一棵长着10根茎的大参，应该是个大家伙，计划把那棵大货抬出来，如果品相好的话，就拿它去参加参王评比。听了赵大哥的话，众人都对那棵长着10根茎的大趴货寄予着厚望。

剪掉一参上的 10 根茎

说话间，赵大哥已经打好场子，开始抬参了。好货不断出土，第一行最大一棵趴货重达850克。

老赵说，趴这么大的货非常不容易，这些参还是他40岁刚出头儿的时

老赵说：这辈子也第一次见过长 10 根茎的参

候种下的，现在自己60多岁了才能卖钱。养这么多年风险非常大，说不定哪一年掉苗就出不来了，20多年的心血也就都白费了，如今看到自己种的大趴货一年比一年有成绩，心里美滋滋的。

终于要抬那棵长有10根茎的大参了，我心中不免有些莫名的激动。

老赵说，他摆弄一辈子人参，也是第一次碰到1棵参上面长10根茎的，理论上说应该是大货，因为，茎多光合作用就强，吸收的养分就多，这个货小不了。赵大哥一辈子才第一次养

老赵细心地抬参

出长10根茎的大趴货，而我第一次进山考察就碰到了，这是老天冥冥中的安排，让我记录下这个激动人心的时刻。

从地面茎的生长状态上看，第二行应该有4棵大趴货。老赵熟练地用快当剪子剪下地上的人参茎，本想把这棵长有10根茎的大参抬出来，19号好去评奖，等扒开参床上的土壤露出根须之后，才赫然发现，就在这棵大趴货一侧并排有两

先扫封底二维码
下载专用软件
鼎e鼎扫码看视频
身临其境寻人参

棵"梦生"与这棵大参盘根错节地生长在一起，想单独把这棵大货抬出来几乎是不可能的，没办法，众人商量后决定，还是把这一行6棵参都起出来。这里所说的"梦生"，就是在地表根本看不到人参的茎，实际上地下还有一棵参在偷偷地孕育着。这就是人参的神奇之处，可能因种种原因，头年秋天已经孕育好的芽苞今年春天没长出来，但这个芽苞还完好地在厚土中潜伏着，等待明年春天条件合适时再破土而出，焕发出新的生命。如此可见，你能说这百草之王没有灵性吗？

紧挨大参还有两棵"梦生"

我们听说过有千年人参，并不一定是种子萌芽后形成的人参生长了上千年，在千年的变化当中，人参的身体可能已经消失了，但是，哪怕它仅剩下一棵芋，也会重新孕育出芽苞，开始新的生命，如此轮回绵延千年，所以说，千年参是存在的。由此可见人参强大的生命力，不愧为百草之王。

一参十茎的茎，作者收藏了

老赵看到这两棵品相不错的"梦生"也笑得合不拢嘴，要知道，多出的这两棵"梦生"那可是能多卖好几万块钱，哪能不高兴？

经过老赵近1个小时的细心挖掘，终于抬出了这6棵大趴货参，称量那棵长有10根茎的大参，重达2斤6两，整整1300克。

两天后老赵来电话说，在清河的参王争霸中，这棵大参又夺得2014年的趴货大王，当场以20万元的价格被南方一个药厂的老板收入囊中。而那棵参上生长的10根茎叶，却在我的手中，那是一参十茎的证据，也是永久的纪念。

用GPS定位仪测量通化集安市台上镇刘家村后圈大坡趴货基地的结果：

北纬41°19′42.4″，东经125°51′20.5″，当时温度：24℃，相对湿度38％。

作者见证趴货参王出土

83

观抚松参园 浅话栽培史

人参栽培始中国

据《晋书·石勒别传》记述，出生于上党地区武乡的石勒（公元274—333年）在其园圃中栽有人参。"初勒家园中生人参，葩茂其盛"。另据《石勒别传》晋书卷石勒上"家园中生人参，花叶甚茂，悉成人状。"

这段文字说明，早在1600年前的晋代，中国已经有人参园栽的雏形了。那么，这里所说的生长很茂盛的园中人参，应该是放山人采得的较小人参移栽园中，或者是野山参种子播种后生长的园参。

从南北朝·梁·陶弘景《名医别录》的《采人参》中也可以看出，那个时期人们已经掌握了如何在原始森

林下参就生长在针阔叶混交林下

层层密林保护下的林下参

作者在长白山区考察林下参资源

林中寻找到野山参的方法：

三丫五叶，

背阳向阴。

欲来求我，

椴树相寻。

宋代大诗人苏轼著《小圃五咏·人参》诗一首，反映出宋代对人参栽培已经形成了专门的技术。

小圃五咏·人参

上党天下脊，辽东真井底。

玄泉倾海腴，白露洒天醴。

灵苗此孕毓，肩股或具体。

移根到罗浮，越水灌清泚。

地殊风雨隔，臭味终祖称。

青丫缀紫萼，圆实堕红米。

穷年生意足，黄土手自启。

上药无炮炙，龁啮尽根柢。

开心定魂魄，忧患何足洗。

糜身辅吾生，既食首重稽。

元代，王祯著《农书》"农桑通诀"中，把"耕参地"视为栽培人参的重要措施，说明元代人参栽培已经有了很大规模。

明代李时珍《本草纲目》记载：人参"亦可收子，子十月下种，如种菜法"。表明当时人参栽培技术已经达到相当高的水平。

清朝长白山区及其以北直至锡赫特山区，是中国人参主产区。由于资源急剧减少，尽管采取多种严格管理的措施，仍不能保证需求，随之在长白山区兴起了人参栽培业。辽宁宽甸县《奭公德政》碑记载了这个地区的人参栽培业的产业状况。

据史料记载，大约在450年前，长白山区已经开始人工种植人参了。

奭公德政碑

抚松人参栽培史

吉林省抚松县地处长白山腹地，其土壤非常适宜人参的生长。这里的原始森林形成的腐殖质土层养料充足，松散适度，利于植根保墒；玄武岩形成的白浆土和灰棕壤构成的底壤不易渗漏，确保了水分充足。松花江源头河流密布，水质没有污染。正是这些独特的条件，造就了汲天地之灵气和精华的身形与万物之灵长与人类相似的百草之王——人参。同时也培育了名副其实的中国"人参之乡"。

抚松的气候极适宜人参的生长。长白山西坡由于受东北至西南方向长白山

远望抚松县城

脉与东南季风直交的影响，大陆性气候特点显著。春季短，升温快，春旱少；夏季温热，雨量集中，昼夜温差大；秋季降温快，晴天多；冬季漫长严寒，积雪厚。光照、积温、降水和昼夜温差皆利于人参的生长和皂苷的形成。

人参典籍

抚松园参栽培据考始于1576年（明隆庆年间），距今已有440余年的历史。

1953年发现抚松东岗一村的周围有一片纵45千米，横25千米的杂木林，均系桦树、杨树、榆树等树种，粗者43厘米左右，13～20厘米（4～6寸）者占大多数。经林业技术人员鉴定，确认为1567年（明隆庆元年）前后，皆是伐原始林栽参后自然形成的杂木林。

1985年11月2日《抚松县人参志》编写小组于东岗镇西江村踏查一块约2亩地的老参池底子。在这块地生长的阔叶杂木林中，选伐一棵榆树，高21米，直径54厘米，查年轮认定生长231年。按参后自然还林规律推算，这块参池底子距今300年以上，应该在1686年以前（清康熙五十五年以前）。

清乾隆中期（1758年前后），至清嘉庆十五年（1810年），抚松县的东岗、西岗（简称两岗）就有刨夫在窝棚前用原土培养山参的记载。

清嘉庆十五年（1810）三月十五日，清官赛冲阿奏折中写道："官参大半系秧参掺杂……此秧参实属辨别不清"。吉林的官参"在五十九斤七两又五钱人参中，夹秧参达三十七斤十三两之多"。

清同治年间（1862年前后），东岗、西岗养参户已有400多户。汤河"大房子"（韩现琮所设税务机构）每年仅园参一项抽银6000两。此时外地资本开始进入"两岗"，使园参生产逐渐产业化。

抚松万良种人参

2014年4月19日早早从长春出发，前往被誉为"人参之乡"的吉林省抚松县考察，而来抚松寻参，一定要去万良镇，万良镇是全国乃至全世界最大的人参

万良镇

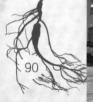

集散地，也是长白山人参的主要种植区。万良镇位于抚松县城正北方，距离县城大约18.5千米。

由于这里是人参的最大交易市场，所以从抚松县城到万良镇的这段公路路况挺好。而从万良镇再到村里的公路就差得多了，虽然已经实现村村通，但路况却一般，尤其通往参园的土路，越野车跑过，卷起一路灰尘，好在路面还算平坦。

通往万良参园的路

此时，土路两侧高大树木的枝丫上还感觉不到一丝绿意，虽然我知道那里已经蕴涵着勃勃的生机，而细看树下的枯草里，确实已经隐隐地泛出一抹新绿。

在万良镇高升村参园，迎接我们的是村书记张广森，一位敦厚朴实的种参人，正带领着参农在参园里干活儿。

听张广森介绍，眼下这道工序叫刹池子，参床经过一个冬天的休眠，加上春天积雪的融化，使参床上的防寒土形成一层硬盖儿，用钉耙刹过之后，池表土就疏松了许多，利于出苗。一般情况下，老参床子在松完土之后，马上就要把遮阳棚架上，整个夏天都不能打开了。由于人参种植工艺的要

先扫封底二维码
下载专用软件
鼎e鼎扫码看视频
身临其境寻人参

参园刹池子

参床灭菌

求，柱脚高度是75～80厘米，覆盖上遮阳棚后，以后的所有田间管理工作就都得跪着、爬着干了。

其实刹池子也不是件容易的活儿，干活儿时得哈着腰，不能站着，对钉耙作业深度也有严格要求。一般情况下，人参越冬时的床面防寒土层厚约四指，钉耙作业深度是二指半左右，这样才能不伤到人参芽苞，保证出苗率。

这块参园是两倒三作业，也就是去年春天把已经在另一块地中生长两年的小人参苗移栽到这里，再经过3年的生长，共生长5年就可以作货了（作货：起参）。眼前这个参床是去年移栽的，今年已经是第四个年头了，明年秋天作货，所以刹池子时要格外小心。

老参床作业的一般程序是：

刹池子（松土）→苫篷→消毒→出苗（立夏前）→除草（除草贯穿田间管理的全过程）→半展叶（立夏后）：叶面喷药预防，开始间隔半个月喷一次，每年喷7～8次→掐花（六月份，目的是长根，如果留参籽则不掐花，到红榔头市时采籽）→起参（白露，9月15日前后）。

参园铆柱脚

与老参池相邻的新参床上，一位参农正在铆柱脚，这是个既费力气又要技术的活儿。柱脚间距在150～170厘米之间整齐地排列，地上高度在75～80厘米。铆柱脚也全凭参农的经验，不但要照顾到等间距排列，还得照顾到直线、高度、牢固度等因素，看来人参种植并不是想象的那么简单。

长白山区种植的人参园，都是在林地上开垦出参园，也就是把针阔叶混交林地砍伐后整理成参园，选择参园时还得考虑到坡度、朝向、腐殖土层下有没有活黄土等因素，完全都是腐殖土也不利于人参的生长，会因土质过于肥沃而伤参，所以在整理参园时，还要适当地掺入一些腐殖土下的活黄土。所谓活黄土，就是把腐殖土下的黄土挖出来用手攥紧松开，以能够散落开为标准，腐殖土、活黄土按照5:1或5:2的比例搅拌均匀就可以了，这样的土质才利于人参的生长。所以说，不是有块林地就能种人参的，目前能够满足人参种植要求的林地也越来越少了。眼前的这块参园两年前还是一片针阔叶混交林，一年后等人参作完货，这里又是一片荒芜，若想在这块林地上种植人参，那就得等30年之后了。这是大自然的法则，因为人参轮作周期就是30年，在我们有生之年可能还会看到这里能够再次种上人参。

用GPS定位仪测量万良镇高升村参园的结果：

海拔645米，北纬42°30′31.0″，东经127°08′17.7″，当时温度：19.5℃，相对湿度40%。

下午两点一刻，按照考察计划，我们又沿着一条通往参园的土路，驱车来到距万良镇大约10千米的兴参镇荒沟村的一片山参基地。

这是前一年秋天砍伐的一块针阔叶混交次生林地，经过去年一年的整理养地，目前参园里的参床已经整齐排列有序，有些参床已经铆好了柱脚，吊好了弓等待播种。参工们正紧张地在参园中劳作，抢在遮阴棚上架前刹池子、清水沟，田间地头堆满了各种参园里使用的农用物资。

据正在参床上干活的张师傅说，他原来是国营参厂的一名职工，参厂解体后，就只能靠出来给别人打工维持生计了，种了一辈子人参，也不会干别的，只会种人参。今年工资还挺高，每天200块钱，但没有保障，没活儿干就拿不到钱了。

所有参园都是伐木开垦的

　　他还说，现在的人参也不是谁都种得起的，首先是没有林地，每年政府计划砍伐的可适合人参种植的林地就那么多，没关系没实力的人也拿不到。即使拿到了林地，投入也是相当大的，没有经济实力的人还是种不起，现在每公顷林地的费用都要五六十万元，再加上五六年的管理成本，一般人是挺不下来的，再说了，谁知道五六年以后人参是啥行情？很多像我这样的人，也只有打工的份。

　　过去在国营参场那会儿，林地多，人参种植面积小，对林地选择性很强，一般要找坡度在25度左右的适宜林地，坡度太大了就存不住水，参园容易干旱，参苗就长不好，影响产量。现在人参种植面积越来越大，林地少了，有些坡度在5～10度左右的林地，也都开垦成了参园。当然了，腐殖土层下的活黄土也很重要，都是黑的腐殖土也不好，容易烂参。一般黑、黄土的配比是5:1或

备注：1 公顷 =10 000 平方米

95

正在播种的参园

作者在兴参镇荒沟村参园考察

5:2，这要根据参地的坡度等综合因素来决定黑、黄土的配比。

现在我们正在播种的是四年直生根，也就是把参籽种下去之后，中间不再移栽，4年后直接作货。好处是，不用移栽，省工省地，产量也可以，由于只吸收一块地的营养，参的个体长得不太大，每苗参在50克左右。

一般情况下，人参种植都是把生长2~3年的参苗移栽一次，吸收另一块地的营养，再过2~3年后作货。人参对土地营养吸收很厉害，一块地只能供应人参3年生长的养分，这种移植的人参作货时能长到150克左右。

由于适宜种植人参的林地越来越少了，所以像今天的这种直生根种植人参的方法也是无奈之举。好在，这种直生根人参种植方法的株距较密，用这种特制的工具，每行能种下45粒参籽，行间距在15厘米左右，而移栽的人参每行只有22棵左右，行间距在25厘米左右，由于这种直生根的种植方法在数量上占优势，加上不用移栽，省工省力，所以经济效益也不错，是很普及的一种种植方法。

就在这片参园的另一侧，一位老参农正在整理自己的参棚。老人叫邵成茂，61岁了，山东临沂人，3岁时随父辈像闯关东一样搬到抚松万良，已经在这里生活58年了。从能干活那天开始，就在生产队的参园里种人参，几十年了，一直干这个活儿。现在，自己拥有几百丈参园，眼前这片参园有130多丈，栽的是西洋参，成熟后按现在的市场价能卖30多万元。

饱经风霜的老参工邵成茂

从邵成茂大哥的表情上看，老人对自己目前的生活感到很满足，也很有信心。当我说党的富民政策给参农带来诸多实惠，使很多参农早早地就成了万元户的时候，邵大哥很自豪地说，在1984、1985年前后，他因为会种人参，仅卖参籽一项，就成为3万元户，在那个年代，3万元对于当地的农民来讲，那可是天文数字啊！

先扫封底二维码
下载专用软件
鼎e鼎扫码看视频
身临其境寻人参

可以看得出，因为会种人参，给邵成茂大哥带来了更多的实惠和好处！

看到邵大哥有这么丰富的种植人参经验，我趁势问他放没放过山。邵大哥说，那时候，参场的活儿都干不过来，哪有时间去放山？他的叔叔倒是放山的，在1980年前后还去放山，山里的大货已经很少了，但运气好的话还能采到50克左右的野山参，那时候一棵野山参能卖两三千块钱，不像现在这么值钱。在集体生产队那时候不让随便放山，所谓的放山，也就是趁农闲时约上几个人到周围山里转转，私自去放山那还了得，割资本主义尾巴，没人敢去。目前在长白山区，已经很少有专业放山的人了。

同时，我们在参池的边缘，还看到每间隔一定距离都栽有松树，这是退参还林的举措。在参园种植的同时，就要求参农把树苗栽上，待两三年人参作货后，再经过30年的生长，这里还可以成为适合种植人参的针阔叶混交林，这样，大自然赋予我们的有限资源就可以重复地被人类利用，虽然轮作周期长一些，但是，经过休养生息后的林地种植出来的人参品质也一定是最好的。

在兴参镇的这片参园的北侧，还看到一块貌似荒芜的林地，据陪同我的镇领导介绍说，这是一块种过人参的林地，已经作货五六年了，原来参园里栽种的树苗已经成活。人参对土壤及环境的要求很苛刻，三四十年后，当这里的土壤还原成适合种植人参的状态时，我们的子孙还可以在这块林地上再次种参，大自然就是这样反复地为人类提供着资源。

其实，政府在当初规划参园的时候，还是有计划地保留了一些原有树木，用来防风固沙以防止水土流失。虽说政府理论上是有计划地开发利用这些有限的森林资源，但在实际操作中，基层是否按要求执行还是另一回事。所以说，要保持住这些有限的森林资源，不能为了眼前的暂时利益而过度砍伐啊！要知道，我们在人参上取得的这点儿利益，可是以破坏森林资源为代价的。

用GPS定位仪测量抚松兴参镇山参基地结果：

海拔597米，北纬42°29′32.2″，东经127°14′05.5″，当时温度：18.6℃，相对湿度25％。

退参还林后五六年的林地模样

种植人参时就得栽上树苗

雅贤楼茶文化

敦化贤儒移山参

2014年4月20日早8点我们准时从抚松县万良镇出发，沿着201国道向位于东偏北方向的敦化市而去。虽然身处长白山腹地，但毕竟是东北大平原上的长白山，所谓的山区公路，远比我在云南大山里寻茶时走过的山路好多了，只是过多的限速使我们的越野车在公路上跑起来感到很不爽。经露水河过大蒲柴河跨江源，于上午11点

通往紫鑫药业敦化林下参基地的路

左右，我们终于来到了敦化市贤儒镇，全程行驶198千米。

贤儒镇，一个很有文化味道的名字，何也？

解放战争后期，时任吉东警备司令部第二旅第五团团长的江贤儒本是敦化人，在剿匪战斗中牺牲，此地为了纪念江贤儒烈士而命名为贤儒镇。

原来如此！

我们在贤儒镇与中国最大的人参企业紫鑫药业的一名向导会合。在他的引领下，我们又沿着一条曲折的土路向山里进发了，经过一段时间的颠簸，我们

的越野车停在一个叫战备沟工队的交叉路口，一条曲折不平且弯曲的山路通向远处的群山背后，听说那里有林业采伐队及军队的战备山洞，属于军事管理区，一般人进不去。就在路的前方不远处，有个叫清茶馆的地方，在清朝时，这里还是朝廷的一个重要的交通驿站，古时候的驿站是人歇马不歇。那儿还有一股清泉流出，冬天不冻，四季长流，水流不大，每天能淌出百十来吨泉水，溪水中还有很多小虾，当地人管这种虾叫小狗虾。

沿着林间的一条崎岖不平的小土路攀援而上，穿过一道铁蒺藜大门，便来到紫鑫药业在这里的一个面积达100多公顷的林下移山参基地。是2013年秋天移植的二年生人参苗，这里是一片典型的针阔叶混交林，山的坡度也很适合。种植移山参对坡度的要求很高，坡度太小，如果伏雨期雨量过

作者深入敦化贤儒镇紫鑫药业林下参基地考察

紫鑫药业林下参基地负责人在向作者介绍情况

松软的林下腐殖土

不知名的野花

大又不能及时排出的话，就非常容易烂参，坡度太大也不行，坡度太大下雨很快就排出去了，一是地表积水形成径流时会冲刷参地，二是雨水不能很均匀地渗透，容易形成局部干旱。而这里的条件基本能够满足林下移山参的生长要求。

当我的双脚踩在林下腐殖土上时，感觉脚下很松软。细看已经有些不知名的野花绽放，间杂一些不知名的植物，也都争先恐后从地下伸出头来，既娇嫩可爱又充满勃勃的生机。腐殖土层很厚，用手抓一把，很潮湿的腐殖土。这就是东北的山，东北的气候特点与南方的不同，2014年3月份我在云南考察时，感受到那里旱季就是干旱，不像东北，因为有冬天的积雪，待春风吹来时，冰雪消融，会湿润积雪下的地表，催生地表里的万物。

当天正好是谷雨节，远处的群山已经萌出新绿，泛出嫩嫩的新芽。就在我们的脚下的哪个位置，就可能有一苗移山参，刚刚度过零下三四十摄氏度的严寒，正在蓄势待发，几天后就会破土而出，开始新一年生命的轮回。虽然此时我们还看不到人参的踪影，但我们每走一步都小心翼翼，生怕惊动或者踩到腐殖土中刚刚睡醒的人参娃娃。

据向导介绍，一般情况下，林下参分移山参和籽参两种形式，我们眼下看到的是移山参，今年就是第三个年头了，要在这里再生长15～20年，就成为有用的林下参了，这种移山参的好处是成活率高。籽参不是方法不好，主要是种子播下去后，后天有很多因素会导致缺苗，比如山上的老鼠、鸟类、松鼠等都吃参籽。别看现在每平方米移栽一苗参，20年后，能

防牛的铁蒺藜

剩下多少还不一定呢，那可是20年之后，谁能预料到会是什么样？

向导说，这100多公顷移山参都用铁蒺藜围上了，主要目的是防止牛群，万一有牛群走进参园那损失可就大了，山参很有灵性，在生长的季节，非常怕打搅，如果被踩一脚，今年可能就出不来了，不过人参不会死掉，它会在地下蛰伏一年，第二年条件成熟的话还会出苗，我们管这种参叫"梦生"，所以说一般情况下，参园是不允许陌生人进来的。

当时，我本想到山坡的另一面看看，向导提醒我们还是不要往林子深处走了，这个季节的树上有一种蜱虫，很讨厌。蜱虫俗称草爬子，是一种有毒的虫，尤其白色蜱虫毒性更大，被它叮到可能引起脑炎等疾病，严重的可致人死亡。还提醒我们再进山时最好到当地的防疫站注射防蜱

作者夏天再次考察紫鑫药业的林下参基地

林下移山参已经开花了

虫疫苗，不然很危险。当时也没太在意什么蜱虫不蜱虫，等我回到宾馆准备洗漱时，还真从头上掉下来一只黑黑的蜱虫，第一次见到这种可恶的虫子，诛之。

2014年5月30下午，我再次来到这块移山参基地考察。在茂密杂树林下的万绿丛中，已经能够隐约看到这些移山参的踪影，有些已经在吐出蕾，开着娇嫩的小白花，长势不错。

茁壮成长的林下移山参

可话又说回来，虽说这一片有100公顷移山参，但20年后，这些移山参的命运也是未知的，经过20年的风雨，加上山上野兽的啃食踩踏，真正能够成为被人们所用的山参，又能剩下多少呢？长白山天设地造的特殊环境，才孕育了人参这种灵物，所以要格外倍加珍惜。

用GPS定位仪测量贤儒镇紫鑫药业移山参基地结果：

海拔751米，北纬43° 06′ 15.6″，东经128° 10′ 10.8″，当时温度：17.8℃，相对湿度25%。

中俄边境人参园

2014年4月21上午，考察团从吉林省珲春市出发，前往50千米外一个叫马滴达的地方，与前来迎接我们的紫鑫药业在那里的人参种植基地负责人刘福贤先生会合后，在他带领下通过一个边境检察站，向距离马滴答20千米之外大山深处的一个人参种植基地出发。

过渡窖

据刘福贤介绍，人参种植基地所在地叫南别里，归马滴达镇管辖，是紫鑫药业在这里比较集中成片的人参种植基地，面积大约20公顷，目前已经移栽完成18公顷。这里过去都是人迹罕至的原始森林，距离中俄边境大约15千米。参园都是在针阔叶次生林地开垦出来的，厚厚的腐殖土下有活性黄土，坡度朝向也非常适宜种植人参，这里靠近日本海，具有典型的海洋性气候特征，在这样的环境中才能种植出品质超群的长白山人参。

乘坐三轮车去参园

先扫封底二维码
下载专用软件
鼎e鼎扫码看视频
身临其境寻人参

的确，这里的气候明显比我们刚刚考察过的抚松县一带温暖多了，远处群山中的树木已稍有绿意，脚下的小草已经露出了头角。

就在这条土路旁边的参园里，看到一个有点儿像战地指挥部地堡一样的建筑。刘福贤介绍说，这是过渡窖，开春能起参苗的时候，把从栽子地（栽子：参苗）起出来的二年生参栽子，经过挑选分出头芦、二芦。所谓头芦，就是体形稍大、肥壮的二年生参栽子；二芦，体形稍小的二年生参栽子，存放在差不多恒温、恒湿的过渡窖中，在这个环境中，参栽子就不会很快发芽，以保证新移栽的人参成活率。因为参栽子芽苞稍一放叶，俗称直钩了，成活率就下降了，所以一定要把参栽子放在过渡窖中保存。

说话间，有参工已经把参栽子装上三轮车准备运到正在移栽的参床上。我们也正好坐上三轮车，沿着那条颠簸的土路，看看参农是如何把参栽子移栽到参园之中的。

在参农的指导下，慢慢地我也找到了移栽参苗这个活计的窍门。

首先用铁锹沿宽度约170厘米的参床横向挖出一条大约20厘米深的

过渡窖里的参栽子

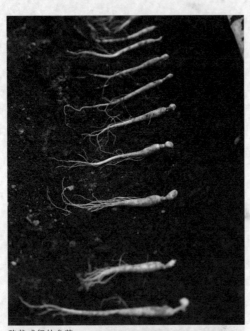

移栽成行的参苗

像这样芽苞一破的参苗就不能移栽了

沟，整理成约25度的坡度，然后把参栽子顺着坡度依次排列，如果栽头芦，每行栽23～25棵；如果栽二芦，每行栽30棵左右。移栽的时候还要认真辨认，凡参栽子直钩了，也就是芽苞破了，就不能栽了，栽在地里向上生长没劲儿，可能导致掉苗。参栽子距离池面的高度是四指厚的土，不能埋得太浅，要给后面刹池子的工序留出空间。

接下来，我又体验参床上棚前的刹池子，我在抚松考察时也见到过这个工序，知道这道工序的原理是松土兼去掉池面杂物，利于参苗出土。我们一再说，人参是有灵性的，如果此时的人参受到外界刺激太大，比如说，被人踩一脚，或者一块石头压在了头上，就有可能不出来了，藏在土层之下蛰伏起来，等明年春天条件成熟时再破土而生，俗称"梦生"。

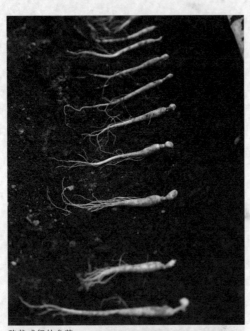

清水沟、培池帮是个力气活儿，顺着参床的方向用铁锹把水沟清理干净，目的是为了接下来的田间管理作业道干净，排水顺畅，同时加固参池的边缘。

就在移栽参园的对面，是一块新开垦的参园，远望近看还都是些横七竖八的枯树根，据在参园干活的参工桑才玉讲，这里去年还是与远处山头一样的树林，去年秋天树木刚采伐完，都是用人工刨的树根，挨老累了。经过去年冬天、今年春夏的整理、醒地，等到秋天的时候就能播种了。两三年后，参苗移栽到新参园，在这块地上如果再想种植人参，那就是30年之后的事儿了。现在弄块参地非常不容易，资源太少，这些都是政府有计划开垦的参地，一般人是弄不到的。他在紫鑫药业南别里这20公顷参园中，承包了其中的3.6公顷，这两年人参的行情不错，挺有盼头，累点儿也高兴。

说到园参的种植程序，刘福贤更是如数家珍，种了几十年人参了，一切都了然于胸。

松土并去掉表层杂物

砍伐森林开垦参园

拣除树根石块等杂物

1. 参地的选择

树种：天然杂木林，最好是针阔叶混交林。

地形：地势稍平缓，坡度在25度以下。

土质：林下腐殖土超过20厘米，腐殖土下是活黄土。所谓活黄土，就是挖出腐殖土层下的黄土，用手攥紧松开，以能散开的为活黄土。

2. 砍林子

时间：冬季伐木。

3. 刨树根

时间：伐木之后的第二年春天开始刨树根。2009年以前，开垦参园完全都是靠人工刨树根，现在基本上是半人工半机械。

全人工刨树根的好处是参地质量好，土质疏松，下雨后能闻到土壤的清新味道；弊端就是太费力，效率低。

利用机械挖树根整理参地的好处是效率高，省人力。弊端是机械压地，土壤翻松困难。另外还有一个重要的问题是污染，人参生长对环境要求极其苛刻，如果作业时机械上有一滴油掉入地里，在一定范围内，一棵人参都不会生长。

4. 拣树根、清杂物

必须是人工拣除树根、石块等杂物。把拣出来的树根堆放在开垦好的参园中，等到过了防火期，每年的6月15日到9月15日之间雨季的时候，把能燃烧的树根等杂物烧掉，灰烬也正好成为参园里很好的肥料回归大地。

新开垦的参园整理中

在松软油黑的参床上移栽参苗

5. 拌土、打垄

用铁镐、二齿子把林下表层20厘米厚的腐殖土与下面的活黄土按照一定比例拌匀，一般情况下是5:1或5:2，这得视土壤及坡度的情况而定。然后顺坡打成宽150厘米高40~50厘米的垄状，垄与垄之间留出110厘米的水沟。这样，下雨时雨水会从垄上自然流下，经过夏秋两个季节的养护，等到秋天就能整理成适合种植的参园了。

6. 做床

时间：白露前后。

朝向：顺坡，利于排水。

把40~50厘米垄上的土摊开，床宽大约170厘米左右。

7. 挂线

找规矩、铆柱脚。如果参园面积大，最好秋天上冻前把柱脚铆好。因为春天作业时间短，只有清明到谷雨大约15天播种、移栽的时间。

8. 吊弓

在等间距铆好的柱脚上做弓，以前多用硬圆木条，现在多用竹片，弹性

好，利于做弓。

9. 播种

播种分撒播和点播两种形式。

撒播：在池面上不分行撒籽，每丈用籽大约7两，两三年后移栽。优点：移栽后再吸收另一块土地的营养，成品人参体积大成分足；缺点：费工费时多费用。

点播：按规矩成行直播，生长期内可以不移栽，4~5年作货，俗称直生根。优点：省工省时省费用；缺点：成品形体比移栽的要小得多，并且身形不太好看。

10. 移栽

移栽分春、秋两个季节进行。

春天移栽：从清明节开始到谷雨

移栽参苗上面土层4指厚

前后结束。春栽最大的好处是出苗率高、苗齐，但时间太紧张，只有15天左右的作业时间，如果参园面积大人手不够就会栽不完。再有就是，参苗稍微不注意就会发芽，也就是所说的直钩了，胎苞一破，成活率就会降低。

秋天移栽：时间相对充足，从寒露开始，一直能栽到霜降上冻前，但在越冬时如果防护不当，如遇上缓阳冻等自然灾害，第二年春天就可能掉苗。

所以说，春、秋移栽各有利弊。

移栽参株间距在7厘米左右，每行头芦24～25棵，二芦27～28棵；行间距是18～20厘米（5.5～6寸）。

11. 刹池子

用钉耙在参床上轻轻地搂。去掉杂物，如石块、树根等，人参生长环境要求很高，一个小石块压在参的芦头上，都可能导致这棵人参不能破土而出。

春天参床池面上的积雪融化后，会在防寒土表层形成一层硬盖，刹池子使土壤疏松，利于出苗，这是参园

参床表层刹池子，这是一道很关键的工序

田间管理很关键的一个步骤。

春天移栽的参床，芦头上土层厚度四指，钉耙齿深度二指半左右。

秋天移栽参床，因参苗越冬防寒，芦头上土层厚度五指，钉耙齿深度三指。

12. 培池帮、清水沟

规整参池床，清理排水沟。下雨时，雨水能够沿着床与床之间的水沟顺利排出，参床内不能积水。

参床培池帮、清水沟

雨水在排出的过程中，有一部分会从池子底部反渗入参床，供应人参生长所需水分。参床土壤的湿度，以抓一把参床上的土壤攥紧松开，似散非散为标准。

13. 扣棚

每年的5月10-20日之间。

清朝到1975年之前，人们已经知道人参喜阴的习性，最开始是用苦草遮光遮雨，后来用木板做遮光棚，再后来用油毡纸做遮光棚，以上传统方法的缺点是透光性差，最后发展到用聚乙烯透光膜做遮光棚一直沿用至今。

人参花

至此，参园的前期工作暂告一段落，等待参苗出土，进行下一步的田间管理。

14. 预防病害

以二年生的新移栽参为例：

待参苗出齐后，参床表面喷洒无残留农药，目的是杀菌，以预防为主，主要是怕生病。例如：炭疽、灰霉、早疫、晚疫等，参苗一旦得上这几种病几乎治不了，等于绝收。出现过这种辛苦侍弄两三年得病绝收的情况。

15. 掐花子

进入6月份，如果不留参籽，必须掐掉人参花。掐花后，有效营养会集

貌似很轻松的采参花，实际好辛苦

中生长根部。

16. 除越冬草

有些宿根生类草，明年春天参苗没露头时，草会先长出来与人参争养分，影响人参的生长，必须除掉。

17. 撤棚布

深秋季节，把从棚上撤下来的薄膜放在参床的一侧（俗称马道或作业道）用土埋上，以防风化，明年继续使用，一般能用3～5年。

18. 上防寒土

霜降后上冻前，在参床上覆盖一层约2厘米厚的防寒土，一为保护参苗安全越冬，二为冰雪春天融化时，会板结表层土，处理后表层下的土壤会更松散，利

人参越冬防寒

人参越冬防寒

人参入冬前的状态

于出苗。

现在还有入冬前在池面上铺塑料薄膜或覆盖毛毡的越冬方法，效果很好，但造价比较高，一般人用不起。

19. 休眠

人参进入休眠期。

这就是参把头刘福贤一年四季种参的过程，年年如是，周而复始！

人参作货前夜，作者采访参农

冬季通往参园的雪路

参园作货前祭山神老把头

　　在长达3个春秋的跟踪考察活动中，我多次来到这块人参种植基地考察，见证了从人参园地整理、种子发芽、播种、移栽、掐花、收籽、作货等人参种植的全过程。由于人参种植遮光棚的高度决定了在人参田间管理的过程中，参农几乎是跪着爬着完成了人参的种植过程，就算是园参，也是参农跪着、爬着用了5～6年的时间侍弄出来的，所以说，天下用参人一定要怀着敬天、敬地、敬人、敬自然的虔诚而崇敬之心，来使用这百草之王——人参。

　　用GPS定位仪测量紫鑫药业马滴达南别里人参基地：海拔205米，北纬42°53′49.5″，东经130°50′51.9″，当时温度：20℃，相对湿度51%。

集安人参藏深山

2014年5月26日，《参藏长白山》考察团按计划来到通化地区集安市考察。迎接我们的是集安市人参研究所前所长郑殿家先生。

郑殿家老师对人参产业最大的贡献就是找到了在非林地种参的方法，克服了一个世界性的难题，发明了遮光防晒、防雨防寒的复式棚，并申请了专利。

其实，这里所说的非林地，在很早以前也是森林覆盖，只是当初人类把树林砍伐后种上了粮食等作物。但不管怎么说，毕竟不是现在砍伐树木开垦成的参地，所以一直是人参种植的禁区。而郑殿家老师经过多年的研究试验，已经取得了突破性的进展。如果利用非林地种植人参普及开来，这样就既能保证人参种植面积，满足

集安复式棚

郑殿家老师介绍他发明的复式棚

市场的需要，又能减少毁林种参，保持住长白山森林的原生态环境。非林地种参是人参产业可持续发展的必经之路，是未来人参发展的大趋势。现在长白山区的人参种植都是以牺牲自然生态为代价的，森林一旦被砍伐，几乎无法恢复到初始状态，虽说现在提倡退参还林，但人工种植树木品种单一，与原有的天然杂木林有本质的区别。

说话间，我们已经来到一个在郑殿家老师指导下的非林地参园。这是1倒4的参园，也就是把1年生的参苗移栽到这块参园中，又生长了4年，明年秋天就可以作货了。从人参地上茎叶部分生长的状态上看，这里的人参生长得很茂盛很健康，差不多有50厘米高，油黑浓绿，已经开出了漂亮的人参花。

郑殿家介绍说，这里大面积采用

作者在集安参园采访

122

的复式遮光棚，是完全的自主知识产权的技术，在传统的基础上，经过自己多年研究，也借鉴了美国、加拿大、韩国的技术，最后搞出我们自己的一套生产模式。

这种复式遮光棚的好处：

1. 增加遮光率，因为人参叶片中缺少一种栅栏组织，不易散热，怕日灼。

2. 下雨时，雨滴打在遮阳网上后垂直散落，不会直接打在人参叶片上，因为人参最怕伏雨。

3. 保温。每年秋分前后，人参秋天的枯萎期最少推迟10天左右，延长生长期，提高产量。

作者与郑殿家老师一起察看当年生参苗

在集安地区，也有一些采用韩国的人参种植技术。因为韩国土地资源少，他们的人参基本都是在大地种植，并且是重茬轮作，有很丰富的经验。所以，我们最早也请韩国的人参专家来指导，再结合自身的特点摸索出一套经验，逐渐地都本地化了。我们对面的参园种植方法采用的就是韩式连接

先扫封底二维码
下载专用软件
鼎e鼎扫码看视频
身临其境寻人参

棚——一面坡，优势是通风好，棚下空间大，很适合非林地种参。

在郑殿家老师的带领下，我们还来到集安大山深处一个叫新开河的人参种植基地考察，山间土路的路况非常差，我乘坐底盘很高的越野车都被磕丢了前保险杠护板。

在新开河人参种植基地，找到了这里的负责人周宝全，一位45岁的壮年汉子。他带领我们沿着参园边一条蜿蜒曲折却开满各种野花的小路向山上的参园爬行，主人边走边介绍新开河人参种植基地的基本情况。

韩式一面坡参棚

韩式一面坡参棚

通往集安新开河参园的坎坷路

这里有各个年度种植的人参，老周指着小路旁边的小人参苗说，这是去年秋天播的种子，苗长得很好，一年生的人参叫三花；这边是二年生的人参叫五叶或叫巴掌；那边是三年生的人参已经出来两个巴掌，俗称"二甲子"或叫"灯台子"；前面还有去年刚移栽过来的四年生人参叫"四品叶"。像这种用三年生的参苗秋栽过来的叫"新栽"，有个缓苗的过程，

走在参园边蜿蜒崎岖的小路上

125

长势要晚一些，看上去长得有些弱；五年生的人参叫"五品叶"，这是用一年生的小参苗移栽的，叫"陈栽"，不用缓苗，所以长势就好……有的还可能长成"二层楼"，还听说有长到九品叶的，我倒是没见过。现在正是人参开花的季节，一般情况下，留参籽儿的参园，就不掐花了，八月末收参籽，园参在这五六年的生

二年生的参苗

一年生的参苗

一年生人参叫三花

二年生人参叫二甲子

三年生人参叫灯台子

四年生人参叫四匹叶

长过程中，想留种子，也只能结一次籽，留籽次数多了，人参就不长了。不留参籽儿的参园，参花必须掐掉，这样利于根部的生长。人参花也有很高的利用价值，人参浑身上下都是宝，没有扔的东西。

集安的土壤里含有碎砂石，透水透气性好，山坡坡度在20～25度左右，所以比较适合边条参的生长。

种植边条参一般选择2-2-2制，也就是首先把二年生的参苗，按照大、中、小、次小分出一芦、二芦、三芦、末芦，在另一块参园移栽二年，起出后再修剪整形，也叫"下须"，再移栽到新参园生长二年，如此算来，边条参最少吸收3块参地的营养，生长6年或更长时间，在后面的采访中，我们就起出过生长9年的边条参。

我们看到，集安新开河参园的遮光棚似乎与其他地方的有所区别。郑殿家说，这叫固体连接棚，就是在两个参床上方架棚，也是新开河人参种植的一大特点。好处是抗风、抗日晒、抗雨淋、通风效果好，也算是因地制宜了，这种参棚结构在这里比较适合。

2014年7月28日下午，我再次来到这里考察时，新开河参园里的参果已经成熟了，晶莹剔透，红彤彤的一片，就好像是满园盛开的红玫瑰，那是我看过的最美最美的人参果，这可是真正意义上的人参果啊！

用GPS定位仪测量集安新开河人参种植基地结果：

海拔812米，北纬41°06′54.0″，东经125°58′18.0″，当时温度：30.4℃，相对湿度53%。

集安新开河参场的固体连接棚

人参果

生晒参

洗晒蒸煮浸　加工讲究多

人参加工有历史

"二月、八月上旬采根，竹刀刮，暴干，勿令见风"。南北朝《本草经集注》梁·陶弘景（456-536）。

《新修本草》《本草图经》记载，人参加工一直以生晒参为主，这种加工方法从唐代至宋代历经600余年。

"紫团参，紫大而稍扁"。《本草蒙荃》明·陈嘉谟（1486-1565）。紫，是紫团参的颜色，大而稍扁则是紫团参的形体特征。说明紫团参是经过蒸制、加工后所获得的新型人参——红参。

"人参以八九月间者为最佳，生者色白，蒸熟辄带红色。红而明亮者，其精神足，为第一等。凡掘参者，一日所得晚即蒸，次晨晒于日中，干后有大小、红白不同，非产地

野山参晾晒

野山参清洗

作者细心清洗野山参

之异，故土人贵红贱白。"《宁古塔纪略》清·萨英额。

"卖水参国人恐难以久，遂煮熟卖之。"——《大清王朝事略》。

清·唐秉钧在《人参考》中对用多种方法加工的人参做了记载。所列举的成品人参共40多个品种。

《鸡林旧闻录》记载：加工时，需将人参置沸水中焯过，再以小毛刷将表皮刷净，并用白线小弓之弦将人参纹理中的泥土清除。将冰糖溶化，把人参浸入糖汁中1～2天，再蒸熟，取出用火盘烤干。这种加工方法，应属于加工掐皮参和糖参的较早记述。糖参作为商品，大约是在清朝晚期问世。

新中国建立后，在商品人参中有山参、生晒参、全须生晒参、红参等。在人参加工漫长的历史过程中，形成了独特的加工方法。

人参加工几阶段

鲜参（早期）→生晒参（早期）→白干参（南北朝）→红参（明朝）→糖参（清朝晚期）

传统加工方式：刷水子→选参→晒参或蒸参→包装

现代加工方式：参加工控制室→洗参→选参→蒸参→包装

长白人参加工厂

在过去的年代，人参产量有限，参农起参后都是各自在家手工清洗，然后拿到市场上交易。每年人参作货季节基本都是白露之后，此时的长白山区气温也随着季节的变化而温差较大，白露到秋分时节，水温已经很凉了，那个时候也没有橡胶手套之类，清洗人参全靠女人的一双手。这些山区妇女虽然脸上饱经沧桑，刻满了岁月的痕迹，可奇怪的是，那双成天泡在冷水中洗人参的双手却很少有皲裂现象，并且细腻光滑白净，这也是人

精挑细选

全须生晒参

参对人有护肤功能最好的证据。

随着人参栽植面积的增加，产量的提高，用人手工已经无法胜任清洗工作了，于是现代洗参机便应运而生。经过多年的实践改进，现在的洗参机技术已经非常成熟，带着长白山泥土的鲜人参从入口倒入，从出口就传送出洁白的人参，这些被连夜清洗好的人参接下来还会如何处理呢？

2014年9月19日一大早，我们来到位于长白县城不远处的一个人参加工厂考察。前一晚连夜清洗出来的人参被女参工们严格认真地挑选分类，全须无锈无瘢痕品相好的做全须生晒参或全须红参的原料，稍次略有瑕疵的去须做生晒参，生锈的参去须后再单独精心处理，参须也可以做成生晒须或红参须，各有妙用。当然了，我们看到的这只是人参初加工的几种基本形式。

全须生晒参就是把挑选出来品相好的全须参排列摆放，去掉水分就可以了。全须参装箱前还有个自然回潮的过程，就是装箱头天晚上，把晒好的人参置于室外，使人参降温，第二天早晨，人参就会吸收空气中的水分

现代洗参机

精选分类

全须生晒参

无须生晒参

而软化，这样再装箱时就会尽可能地少断须，这也是参工在长期实践中想出来的妙招。

关于红参的加工也是很有讲究的。现代加工方式已经有了很大进步，由过去的木筒蒸参变成了现代的不锈钢蒸锅，无论怎么改进，其基本原理是相同的，只是容积的大小之别，又加上了一些温度、湿度等监控设备。进入蒸锅前，将清洗选择好的全须人参均匀摆放在适宜的木制方屉之中，因为人参进锅蒸后会软化，所以不宜叠压，以人参头触屉底，须朝上倾斜摆放即可，共用2.5小时，上屉蒸汽80℃→停30分钟→加热100℃→2小时→焖（30～40分钟）→降温→出锅。当然了，去须参或人参须也是可以做成红参的，只是人参的摆放方法和蒸的时间有所区别。然后就是将蒸好的红参烘干、晾晒直至成品装箱。

在红参加工车间，我嗅了一下，长期蒸参的木制方屉散发出浓浓的人参香气，这里的空气中都含有人参成分，更何况是与人参多次接触煎熬的木制方屉了。

据这个人参初加工厂的负责人说，他们有位管理者，以前脸上经常起疙瘩，后来，他在加工人参的季节在这个院子里工作了一段时间，结果脸上的疙瘩没吃药就好了，再也没犯过。因为这里空气中都是人参成分，喘口气都是保

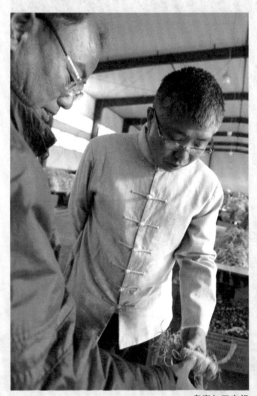

考察加工车间

生晒参

蒸参

晾晒

人参洗净入屉制作红参

健，要不咋说多吃人参能提高免疫力呢？只要别过量，每天吃一点，成年人每天别超过3克，常年吃，一定能够健康长寿。

先扫封底二维码
下载专用软件
鼎e鼎扫码看视频
身临其境寻人参

人参有神效 食之需有方

古代人参巧应用

宋·酥颂《图经本草》

详细记载了人参的植物形态特征、习性等，还记载了运用实验方法来证明人参的独特功效："欲试人参者，当使二人同走，一与人参含之，一不与，急走三、五里许，其不含人参者必大喘，含者则气息自如。"说明人参具有补益气力之功。

清·魏之琇《续名医类案》

据《续名医类案》记载：一妪年七旬，伤寒、昏沉、口不能言，眼不能开，气微欲绝，与人参五钱煎汤，徐徐灌之，须臾稍省。欲饮水，煎渣服之，顿愈。又十年乃卒。

人参的化学成分

人参含有多种皂苷、多种氨基酸、挥发油类、糖类和维生素类等。

1. 皂苷类：人参皂苷系人参皂苷元与糖类的结合物。

2. 挥发油类：主要有倍半萜类、长链饱和酸、芳香烃类。

3. 氨基酸和肽类：含有多种氨基酸及多肽物质。

4. 糖类：分为单糖类、低聚糖类、三糖类、多糖类。

5. 其他成分：含有维生素类、微量元素、山柰酚、三叶豆苷和人参黄酮苷。

人参除含有皂苷成分以外，还含有醚溶性成分、水溶性成分。

由于生态环境与人参生育年龄的不同，其皂苷含量亦有差异，野生人参的皂苷含量高于栽培人参一倍左右。

生长 22 年的集安大趴货

人参的神奇功效

1. 强筋壮骨，增生精子和壮补肾阳。

2. 增强红细胞的繁殖能力，提高人体的免疫功能。

3. 双向调节人的血压。

4. 增强新陈代谢，延缓人体衰老，预防老年痴呆。

5. 抑制肿瘤。

6. 激发人体表皮细胞的活性。

7. 增强头发抗拉度。

8. 治贫血、神经官能症、更年期综合征和冠心病。

9. 双向调节人体血糖，治疗糖尿病。

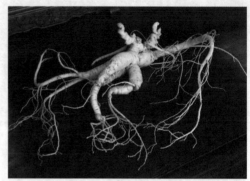

生长 22 年的集安大趴货

当生长 22 年的集安大趴货遇上东北的高粱烧酒

10. 减轻酒精对肝脏的伤害。

11. 增进食欲,促进睡眠。

12. 减少不良胆固醇,增加良性胆固醇。

13. 治疗头疼、冷症,促进血液循环。

14. 防止血栓形成、溶解血栓,防止动脉硬化。

15. 延缓皮肤老化、濡养保护皮肤。

16. 预防感冒。

不同人群服人参

1. 老年人。一年四季都可以服用人参。蒸服、嚼服、吞服、冲服为宜;一般每日限3克。进入秋冬以后,可以采用泡服和炖服的方式,增加抵御寒冷的能力。

2. 中青年人。在劳累、大病、熬夜之后及有精神压力之时服用。一般以嚼为主,一盏茶的时间即可恢复体力,振奋精神,宜选用红参、生晒参。

春夏时节的日常保健,可采用保鲜人参蒸服,每日用量在3克以内。

红参烘干

　　秋冬以后，宜用红参、生晒参，可采用嚼服、冲服、泡服等方式，每日用量3克以内。

　　3. 儿童。健康儿童不宜吃人参滋补。

　　秋冬以后，南方人习惯给孩子们吃一些人参补汤等补品。因为秋冬季节南方湿冷，吃人参汤会给孩子的身体增加热量，可以抵抗当地的寒冷。中医认为小儿龟背、鸡胸、五迟（立迟、行迟、发迟、齿迟、语迟）、五软（头软、项软、手脚软、肌肉软、口软）基本因虚弱所致。这些情况都可以服用人参。

　　人参可以嚼服、冲服、吞服，每日以不过3克为宜。

紧急时刻嚼服参

1. 遭遇意外事故时，为防止大量出血，减轻疼痛和休克。

2. 产妇临盆无力时。

3. 体力透支、过度疲劳，在体力和精力难以为继时。

4. 乘坐车船、飞机，眩晕呕吐时。

5. 饮酒过量时。

6. 会议讲话时间过长，口干舌燥时。

紫鑫药业的人参产品

紫鑫药业的人参产品

紫鑫药业生产的红参阿胶糕

人参与美容护肤

1. 用人参萃取物洗头，能防止脱发。对于损伤的头发有修补作用。

2. 用人参液洗浴，对皮肤有延缓老化、抗粗糙的作用。同时还能抑制面部色素生成，减轻黄褐斑。

3. 用人参雪花膏护肤，能使皮肤细嫩光滑，并能保护皮肤不受太阳辐射的伤害。

4. 将鲜人参切成薄片，贴于面部皱纹处，20分钟揭下，经常使用可减少皱纹的生成，保持皮肤弹性。

人参吃法学问多

1. 蒸服。将人参切片，限6~9克，加适量的水和冰糖，瓷碗隔水以文火炖透，连汁带渣一起吃。

2. 吞服。可分两种：将人参研成末，日服一次，每次2~3克，或以水研调

成稀糊服用。

3. 泡服。亦称浸酒服。

4. 冲服。将3~5克人参片置于杯中，倒入开水闷泡10分钟，饮服。

5. 嚼服。直接嚼服人参切片。

6. 炖服。冬至以后，人参炖母鸡，尤宜老年人用。

7. 煮服。将一支白参掰碎放入砂锅加水煮至变红，加入一匙蜂蜜，晨饮一杯。

8. 红参切段，含服。

雅贤楼馆藏人参酒

紫鑫药业的人参产品

长白双珍

人参金中宝

人参炖鸡

大补元气人参宴

1. 人参猴蘑狗肉锅：利五脏、助消化、治神经衰弱、壮元阳补胃气、除湿暖身、益智增寿。

2. 人参灵芝煲兔肉：滋阴养心，益气补血疏肝。

3. 参龙汽锅：强筋壮骨，补肾益精。

4. 人参炖猪腰：益气补肾。

5. 人参羊肉火锅：大补元气、补脾益肺、宁神益智、生津止渴。

6. 人参天麻汤：舒筋活血，提高抗病力，治疗偏头痛、四肢麻木。

……

赠享皆相宜 名人皆喜之

宋代东坡咏人参

苏轼不仅嗜化人参，还亲自在广东惠州罗浮山上栽培过人参。他在《小圃五咏·人参》诗中曰："糜身辅吾生，既食首生稽"。诗意说，人参牺牲了自己，来帮助我活命，强健了身体，我以最庄重的以臣之跪拜礼，向你叩头致谢。由此可见，苏轼久服人参得益之大。

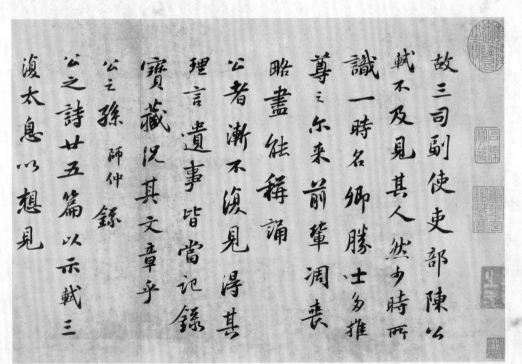

清朝乾隆与人参

清朝《人参上用底簿》："自乾隆六十二年十二月初始，至乾隆六十四年正月初三止，皇上共进人参三百五十九次。"

慈禧太后与人参

慈禧太后经常吃人参，主要吃的方法是噙化，《慈禧光绪选方选议》记载了慈禧吃人参的情况："自（光绪）二十六年十一月二十三日起，至二十七年九月二十八日止，皇太后每日噙化人参一钱，共噙化人参二斤一两八钱"。

毛泽东的人参缘

毛泽东对人参非常感兴趣，经常把人参赠送给亲朋好友和外国友人。1950年，杨开慧母亲向振熙八十大

清乾隆帝

清慈禧太后

作者在橘子洲头毛泽东雕像前

寿，毛泽东派毛岸英回家乡送上人参、鹿茸和衣料。同年，毛泽东把东北地区一个代表团敬献的长白山珍贵人参，转送时任中央人民政府副主席张澜，这苗珍贵野山参长20多厘米，参龄200年以上，现珍藏在重庆市中药研究院。

1953年齐白石90岁生日时，毛泽东所送四样礼品中包括一苗精装的东北野山参。1966年，毛泽东还送给西哈努克亲王两棵人参。毛泽东没有饮酒和用补品的习惯，为他泡制的人参茅台酒他始终没喝，现成为珍贵文物，珍藏在毛泽东故居。

云南普洱茶

地篇
DI PIAN

地长·普洱

彩云之南，澜沧岸，百鸟欢鸣，峰峦翠，

育茶人根植骨子里的热忱，炼就普洱史，

爱茶客盘桓千百年的追寻，瞩目古茶园。

地魂山现，百草百花百果为言，

神农尝百草，日遇七十二毒，得茶而解之，食饮同宗，

石器时代繁衍生息的大叶种，而今已成了趋之若鹜的珍藏茗品。

从一芽嫩叶，到杯中茗香，

智慧茶人匠心独运，

由千年坚守，至一朝绽放，

澄澈茶心矢志不渝，

一代又一代为茶而生的人们，种茶护茶捧茶，建设茶园，

铭记始祖的歌谣，坚守传承的净土。

西南边塞的风土人情，注定带着独特茶韵和神秘的古朴。

十年寻茶路，满载普洱缘，

翻越峭壁悬崖，踱步大山深处，

提笔古茶作坊，习拳袅袅晨雾，

访耄耋马帮，交世代茶农，拜千年古树，尊敬茶始祖，

探古道，访老街，观茶厂，察品牌，

如今藏古茶于楼，汇南北雅士，

回眸置书稿于心，享内心丰盈。

我与云南普洱茶

云南省普洱市，是中国乃至世界气候舒适指数最高、生物物种最丰富、空气洁净度最好、最适宜人类居住的地区之一，更是世界茶树、普洱茶、茶马古道的起源地。

21世纪初，普洱茶开始风靡中国大地，云南普洱茶异军突起，因其贮存方式得当、越陈越香的独特性而占据了中国茶产业的半壁江山，更有燎原之势。我的雅贤楼茶艺馆在东北茶友中颇有些名气，越来越多的茶友前往寻找普洱茶，大有神乎其神之感。

我起初也不以为然，到后来亲身尝试且深受其益，逐渐体会到了普洱的魅力，并对它产生了浓厚的兴趣，尤其对古树普洱茶更是情有独钟。

多年来对茶和茶文化的研究，让我不得不以更理性的逻辑思维来思考问题。

普洱茶从最初的供应青藏高原和内蒙古大草原游牧民族的紧压茶蜕变成家喻户晓的最佳保健饮品，这种"质"的变化由何而来？

普洱茶为何有如此魅力，它生长在怎样的环境之中？

古树普洱茶为何价值连城？

野生古茶树是否真实存在？

带着这些疑问，我萌生了为广大爱茶人寻找真正古树茶的想法，于是，开始踏上了从北到南10年的漫漫寻茶之路。

一些疑问，一个念头，一路思考，时间可以沉淀一切值得珍藏的感悟，就像屹立千年的古茶树给我们带来的传奇。转眼间，10年过去了，随着不断地数次深入古茶山，接近古茶树，交友古茶人，今天的古茶之于我，已经是生活和生命中不可或缺的一部分了。

10年间，我的足迹遍布云南茶山深处，我们寻访当地茶农，了解古茶山悠远的历史；也走访老船夫老马帮，茶马古道跃然于眼前；我们探访相关部门，了解当地政府对未来茶产业的展望；也寻访专家学者，寻找古茶背后的科学奥秘。这些珍贵的记忆和资料不但为我撰写《普洱溯源》《第三只眼睛看普洱》《凤龙深山找好茶》《深山寻古茶》等茶学专著做出了相当大的贡献，也使我与普洱茶真正地连在了一起。

此章内容，我将从多年来的所见所闻出发，以简洁的方式介绍普洱茶，为各位茶友对人参普洱茶品的认识提供更多基础资料，也为大家认识、品鉴、收藏普洱茶抛砖引玉。

得名普洱府　茗香传天下

烘干中的普洱生茶饼

　　普洱茶，简单地说即产自普洱府的茶。历史上西双版纳归属普洱府管辖，普洱茶因普洱府得名，普洱府则因普洱茶而名扬天下。

　　关于为啥叫普洱茶，应该还是与濮人有关。云南茶最早就是濮人种植的，最开始称"普茶"，后来才叫普洱茶，这在很多典籍中也有多种多样的论述，不一而论。在当时来讲，古代濮人茶叶种植面积是很大的，分布很广泛，包括现在的越南、老挝、缅甸等与我国相连部分的大山里还有很多古茶树。

清代之所以在现在的宁洱设府，也是事出有因。元江和他郎（今墨江）虽然也处在茶马古道之上，但不如宁洱有地理优势，那里是滇西南的中心所在，交通四通八达，朝廷在宁洱设府便于管理。宁洱最开始就叫普洱府，是2007年1月21日经国务院批准，把原思茅市改为普洱市，原普洱哈尼族彝族自治县改为宁洱哈尼族彝族自治县的。那里还有条东洱河穿城而过，"普洱"地名也应该与这条河有点儿关系。

理论上讲：以云南大叶种晒青毛茶为原料，经过微生物参与的特殊后发酵工艺，形成特殊品质的再加工茶类均可称为"普洱茶"，其中人为干预快速发酵形成的称为"熟普洱茶"，通过自然慢速发酵形成的称为"生普洱茶"。

景迈山叭哎冷寺院内的晒青毛茶

161

普洱市墨江县碧溪古镇

云南大叶种茶芽

澜沧古茶的茶砖

作者 2014 年春在无量山原景东老县长姜华国的古茶园采访

普洱大叶茶 自古沿江生

澜沧江岸环境佳

云南大叶种茶树属于乔木树型，有100多个群体品种，有野生型、过渡型和人工栽培型之分，其中，人工栽培型又分为有性繁殖和无性繁殖。种子繁殖和嫁接繁殖为有性繁殖；短穗扦插和细胞组培为无性繁殖。

人类文明自古就是与大江大河共生存，犹如黄河是中华民族的母亲河一样，澜沧江也孕育了云南境内沿江的文明与物产。澜沧江是中国西南地区的大河之一，也是亚洲流经国家最多的一条国际性大河，是我国连接东南亚国家的水运大动脉，有"东方多瑙河"之称。

据史料证明及当今考证，云南大叶种茶主产区——江南六大茶山及江北六大茶山均沿江而列。澜沧江就是贯穿云南普洱茶产区的大动脉，这也是我十余年来多次溯江而上，历经千辛万苦去澜沧江流域寻找古茶的动力所在。

滔滔澜沧江

163

万亩古茶园寻根

2007年9月24日下午，我第一次来到了魂牵梦绕的景迈山万亩古茶园。

景迈古茶园位于云南省普洱市澜沧县东南部惠民乡景迈村和芒景村，平均海拔1400米，年平均气温18℃。据考证，这里有近2000年的种茶历史。古茶园分布范围包括景迈、芒景、芒洪、翁居、翁洼等地，总面积2.8万亩，现可采摘面积1.2万亩，系当地布朗族、傣族先民所驯化栽培。据布朗族有关傣文史料和芒景布朗族佛寺木塔石碑记载，古茶园的驯化与栽培最早可追溯到傣历五十七年（公元696年），迄今已有1300余年的历史，所以才叫"景迈千年万亩古茶园"。

古茶园内的古茶树大部分生长在原始丛林之中，与数百种野生植物共

景迈山古茶林
备注：1亩 ≈ 667 平方米

景迈山古茶园

景迈山古茶树上寄生的螃蟹脚

作者亲自采摘的螃蟹脚

先扫封底二维码
下载专用软件
鼎e鼎扫码看视频
身临其境寻普洱

存。据史料记载，500年前，古茶园曾发生过一次火灾，400多年前又遭遇一次大虫灾，20世纪中后期一些原始林木和较大的茶树遭到乱砍滥伐。然而，古茶园虽历经沧桑却生机犹盛，至今生态保持良好，其茶叶具有品质优良、发芽早、叶质柔软厚实、显露白毫等特点，且全靠自然肥力生长，无任何污染，加之有多种药用植物共生，使茶叶增加了药物含量，特别是寄生于古茶树上的"螃蟹脚"具有较高的药用价值。

景迈茶叶交易历史悠久，早在傣历600年前，景迈太平掌就出现了茶叶交易市场——"嘎轰"。明代以来，这里的茶叶就是孟连土司的贡品，这里就是闻名遐迩的"普洱茶"产地之一。所产茶叶一部分运至普洱府加工包装成"普洱茶"，一部分由茶商经缅甸、泰国销往东南亚各国。

景迈千年万亩古茶园，是世界上保存较完好的大面积栽培古茶林之一，是我国源远流长的茶文化瑰宝，被先后到此考察的国内外专家学者誉为"茶树自然博物馆"。同时加上景迈、芒景一带有关茶文化的一些传说故事，更使这块千年万亩古茶林充满了生气和神秘的色彩。进入21世纪，澜沧县人民政府已将古茶园列为自然保护区，设立古茶园保护所，并在此开发生态旅游、民族风情旅游，使拉祜山乡的茶文化进一步发扬光大。

自2007年9月，我第一次详细地考察景迈山芒景村上寨周边的古茶园开始，又曾于2010年、2013年及2016年的春天，先后五上景迈山考察，在那千年万亩古茶园中寻找茶祖的足迹，感受茶祖的气息，体会茶祖的精神，心中多了一份泰然和宁静。

景迈山参天古树庇护下的古茶园

根源于斯帕哎冷

每次前往普洱地区，我都要到景迈山看万亩古茶园，也会拜访帕哎冷寺（也有称叭岩冷寺）。一座虽不雄伟但却庄严肃穆的寺庙，是传说中濮人的祖先帕哎冷的神寺。

一块"根源于斯"牌匾和"景迈芒景景上景独好胜景，茶祖古茶茶中茶绝妙嘉茶"的对联，向世人诉说着这位布朗族茶始祖的故事。

《祖先歌》里这样唱道："帕哎冷是我们的祖先，帕哎冷是我们的英雄，是他给我们留下竹棚和茶树，是他给我们留下生存的拐杖。"

关于帕哎冷，在布朗族中还有一个十分具有教育意义的传说。

相传在1000多年前，景迈山上并没有茶树，帕哎冷也不叫作帕哎冷，

云南神奇的地涌金莲

帕哎冷像

其原名叫作哎冷。哎冷带领布朗人定居于景迈山。后来布朗人因为自身力量尚小，遂与傣族联姻，迎娶了傣族土司的第七个公主，于是，傣族领主就封哎冷为"帕"，即管理布朗人的基层官员，因此后人称之为"帕哎冷"。

因为帕哎冷当年迎娶七公主并在景迈山种植下万亩古茶园，他便成了布朗族人真正种茶的人，有《叭哎冷颂歌》为证：

是森林密布的群山，

让我们生活在人间仙境。

是祖先叭哎冷，

给我们留下了竹棚和茶树，

有了竹棚就有了村寨，

有了村寨就有了不断的炊烟。

按祖先叭哎冷的旨意，

把水田从河畔开到箐边，

把茶树从山头栽到家旁，

吃不完的粮食养猪养鸡又酿美酒，

喝不完的茶叶让天下人都来品尝。

金银财宝总有用光的时候，

只有茶树年年发芽吃不尽用不完。

我们牢记祖先的教导，

让美好的生活像茶树一样片片相连、代代相传……

叭哎冷的后代们主要分布在澜沧县惠民乡曼景、曼洪、景迈等布朗山区，其余各县均有分布。自称"乌""濮""翁拱""阿娃"，他称"濮曼""濮满""白朗"。语言属南亚语系孟高棉语族布朗语支，古先民为濮人，是最早认识、驯化和利用茶叶的民族之一，至今仍经营着有1700年历史的景迈万亩古

叭哎冷寺山门

茶园。

帕哎冷性情刚强，英勇善战，为布朗人的生存发展立下了不朽之功，因而在族人中有很高的威望。然而，明枪易躲，暗箭难防，小人得势，帕哎冷最终遭到奸人的谋害。正所谓鞠躬尽瘁，死而后已，这便是帕哎冷生前的真实写照。帕哎冷因生前的善行美功，所以在死后他也位列仙班，可他仍然牵挂着自己子民的长久生计。

"父母之爱子也，则为之计深远。"那么何为深远呢？即"授之以鱼，不如授之以渔"。因此，当帕哎冷再次降临景迈山时，他晓谕给布朗人道："我给你们留下牛马，怕遇到灾难死掉；给你们留下金银财宝，也怕你们吃光用

作者与布朗族文化传承人苏国文先生

完；给你们留下茶树，让子孙后代取不尽用不完……"

布朗人尊奉他的喻示，他们每到一地，就会种上茶树。千百年后，景迈山遍地是茶园。布朗人功不可没，帕哎冷功不可没。这就是"渔"，是后世子孙取之不尽、用之不竭的捕鱼之术。

传说之于听者，似乎只是故事，而对于与之共生的人们，却是生生不息的信仰。这些年在云南大山中听说也记录过很多传说，帕哎冷的故事始终让我无法忘怀，在寻访中见到的布朗族大哥，终其一生守护祖上传下来的野生茶园，始终不忘"布朗人以茶为本"的朴素价值观。他们并不以外面日新月异的世界为然，而踏踏实实于本分，这份心心念念的诚意感动着我，或许更感动着世代相传的古茶树吧。

叭哎冷寺内的狗通人性

景迈山芒景村翁基布朗族大寨寨心的图腾

普洱有历史　茶香蕴千年

普洱博物馆内展出的手抄佛经

经历了千百年的孕育而形成的普洱茶，浓缩了云南茶发展的历史。

云南茶可上溯到远古时期，因为1975年云南省博物院提供的宾川县羊树村原始社会遗址中红土块果实印痕标本，经中科院遗传所李番教授鉴定为茶树果实。由此可知，在石器时代，生活在云南的先民们已经与茶相遇相识。不过这时的先民们还处于采集农业时期，人们只是采摘果实，还没有意识到茶叶的用途。在这之后的神农时代，"神农尝百草，日遇七十二毒，得茶而解之"，此时人们才在无意识中认识到了茶叶的一些功效。

人们真正有意识地种植和饮用茶则始于周。如东晋常璩《华阳国志·巴志》中就有这样的记载："周武王伐纣，实得巴蜀之师……其地东至鱼腹，西至僰道，北接汉中，南极黔涪，土植五谷，具六畜，桑蚕麻鱼盐铜铁，丹漆茶密……皆纳贡之。"同时，史书记载周武王率领伐纣的南方8个小国中就有濮、矛等云南民族。元江就是濮水，是濮族生活的中心区。经历史考证，濮人就是云南最早的种茶民族，献给周武王的茶，很可能就是云南茶。茶作为贡品，这表明人们不再是无意识中偶然识得茶的某些药用功效，而是有意为之，这是云南茶的先声。

而风靡天下千百年，堪称茶中精品的普洱茶的历史则可追溯到东汉末期和三国时期。因为民间和后代的史料记载中都有"武侯遗种"的传说。比如清道

普洱市古茶树资源分布示意图

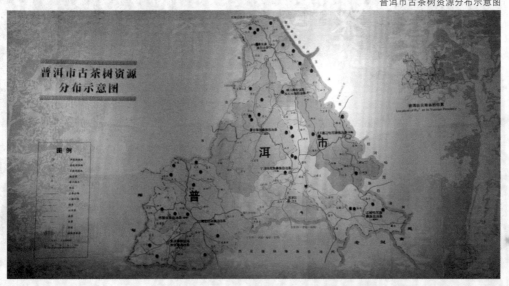

普洱博物馆内景

民族乐器

饮茶器具

饮茶器具

光年间编撰的《普洱府志·古迹》中
记载："又莽枝有茶树王，较五茶山
茶树独大，相传为武侯遗种，今夷民
犹祀之。"而这里的莽枝茶山和其他
五茶山又都是普洱茶的原产地，所以
普洱茶的种植饮用，当在东汉末年和
三国时期就已经形成。这是三国及其
以前时期普洱茶的概况。

晋朝

东晋常璩《华阳国志·南中志》
载："平夷县郡治津，安乐水，山出
茶密。"平夷县即今天的富源县。

同样晋朝傅巽《七海》中有"蒲
桃、宛李、齐柿、燕栗、垣阳黄梨、
巫山朱橘、南中茶子、西极石蜜"的
记载。其中的南中即云南，但茶子不
是茶树的种子而是茶。

由此可见，云南茶至少在晋朝时

马帮用的马鞍子

民族团结雕像

就已名满天下了。并且可以证明民间传说的三国时期"武侯遗种"的传说也是有一定依据而可信的，因为三国时期稍早于晋朝。

唐朝

唐懿宗咸通五年（公元864年）樊绰在出使安南、夔州后著成《蛮书》（又称《云南志》）。《蛮书》中有这样的记载："茶出银生城界诸山，散收，无采造法。蒙舍蛮以椒、姜、桂和烹而饮之。"这是最早的明确记载了普洱茶历史的文献。因为据考证，银生城的茶应该是云南大叶

唐·樊绰著《蛮书》

《华阳国志·巴志》

种茶，也就是普洱茶种，所以银生茶应该是普洱茶的祖宗。同时，从樊绰的话"散收，无采造法"，我们还可以看出，唐朝银生茶的吃法还是相当古老的。

宋朝

宋朝，普洱茶的发展承续唐代。正如南宋李石在他的续《博物志》一书的记载"茶出银生诸山，采无时，杂椒姜烹而饮之"。由此可知，宋代在普洱茶

雅贤楼茶文化

YUNNAN PUER CHA

云南普洱茶

的工艺制作上没有很大的发展。但是宋代大规模的茶马互市对云南茶尤其是普洱茶的传播繁衍来说，是至关重要的，因此有人就说普洱茶的传播兴于唐而盛于宋。但若就普洱茶的制作工艺来说，唐宋无差异，均为兴起时期。

元朝

普洱茶发展中一个关键的转折时期。因为元代时，内地紧压茶的制作工艺逐渐传入云南。对于唐宋时的云南散茶来说，这是一次革命性的技术输入。从某种意义上说，紧压茶的采用真正结束了云南茶叶"散收，无采造法"的历史。而且紧压茶既方便长距离运输，又为普洱生茶陈化为普洱熟茶打下了一个很好的基础。因此，它影响深远，光照千古。

明代

明代是云南茶叶的发展时期，当时最有名的茶为昆明太华茶、大理感通寺茶和湾甸（今昌宁县内）茶。大路茶有永宁（今宁蒗县）"剪刀粗茶"，车里（今普洱县以西、西双版纳）"普茶"和乌蒙（今昭通地区）的"乌蒙茶"（乌蒙当时归四川管

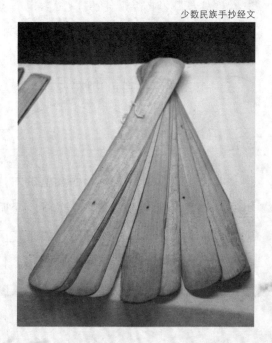

少数民族手抄经文

《滇略》

《滇海虞衡志》

辖）。当时流通全省，销量最大的当数"普茶"。据万历《云南通志》："车里之普耳，此处产茶，有车里一头目居之。"谢肇《滇略》中也提到："土庶所用，皆普茶也，蒸而成团。"这是两条关于普洱茶的最早的记载，对解读普洱茶名称的由来和产地之争有重要的意义。当时普洱茶内销量在天启年间（1621-1627）已达到400担左右。

清代

清代是普洱茶最为光彩而鼎盛的时代。清道光年间的阮福在《普洱茶记》里说："普洱茶名遍天下，味最酽，京师尤重之"。从这句话我们可以看出，京师尤重普洱茶皆因其味即品质。也正因为京师尤重之，所以在雍正年间专设普洱府以管理茶务。并且在雍正九年（1731），将普洱茶正式定为贡茶。至道光年间，京师皇族仍喜爱有加，"冬喝普洱，夏喝龙井"成为皇族时尚。为保证贡茶顺利运送，又于道光二十五年（1845），清政府不畏险阻，专门修筑了一条从昆明经思茅至茶山长达数百千米的运茶马道。更为重要的是，清廷又把"瑞贡天朝"的至高荣誉嘉奖给普洱茶，可谓是"三千宠爱在一身"。

近现代

普洱茶的衰落时期。鸦片战争后，中国国势衰微，国内政治腐败，苛税繁重，以至于普洱产茶竟为民害，加上火灾瘟疫等时有发生且危害巨大，茶农不得不放弃种茶而去另谋生计。到了清末和民国初期，普洱茶产量锐减。

尽管清末时顺府太守琦嶙在凤山倡导种茶，民国初年景迈乡绅纪襄廷在景谷倡导种茶，云南茶业有所发展，到了1937年云南产茶总量也曾一度达到19.6万担，为旧中国历史上的最高纪录。但那不过是回光返照，仍难以抵挡衰落的结局。到了抗日战争和解放战争时期，因为战乱、火灾、瘟疫等原因，云南茶叶全面萎缩而彻底地衰落。

从以上叙述中，我们可以知道，普洱茶发轫于魏晋之前，发展于唐

唐·陆羽著《茶经》

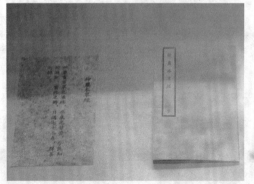

西汉《神农本草经》

宋，转折于元明，鼎盛于清代，衰落于清末以后。但在新中国成立后，云南茶业在党和政府的关怀下得到了恢复和发展。但在大跃进和"文革"期间速度也曾放慢，甚至一度停滞。改革开放以来，云南茶业又得到高速发展，尤其是近几年来从健康的角度普洱茶被广大人民群众所认识并接受。全民掀起喝普洱之风，使普洱茶产业迎来了历史上前所未有的鼎盛时期。

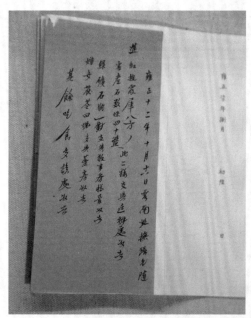

普洱府志资料

普洱茶原料　唯此大叶种

晒青毛茶初品质

　　用云南大叶种茶树鲜叶加工制作成的"晒青毛茶"是加工制作普洱茶的唯一原料。

1.鲜叶

札咪山的野生古茶树茶芽

　　鲜叶是制作茶叶的原料，指的是：从茶树上采摘下来的嫩梢芽叶。鲜叶按嫩度来分级，单芽为特级，一芽一叶为一级，一芽二叶为二级，一芽三叶为三级，一芽四叶以上和单片叶、对夹叶为级外鲜叶。

作者在札咪山采摘的野生古树茶芽

　　普洱茶原料"晒青毛茶"的鲜叶以一芽二叶和一芽三叶为最好，因为在这个成熟度的鲜叶内含成分最为丰富。云南当地习惯上按树龄不同分为：小树鲜叶、大树鲜叶、老树鲜叶和古树鲜叶。按种植方式不同可分为：规范化种植的台地茶鲜叶和粗放种植的山地茶鲜叶。但不管以什么方式种植的，云南大叶种茶树的树型都是高大乔木型，没有灌木茶树之说。

2.初制加工

初制加工是所有茶叶内在品质成型的全过程。任何一款茶叶只要在初制过程中的某个工艺细节没有处理好，就会给这款茶留下瑕疵，后期的任何工艺操作都将无法弥补，直至这款茶的最终开汤品鉴，从而留下遗憾。因此要想做好一款茶叶，在初制加工过程中不能出现任何闪失。

"晒青毛茶"的初制加工工艺：

轻度萎凋——杀青——揉捻——日光晒干

轻度萎凋：萎凋本是红茶的初制工艺，由于云南大叶种茶树鲜叶体型大、含水量较高，如果直接杀青，温度不够难以杀死多酚氧化酶的活性，温度太高鲜叶表面容易产生焦边煳片，鲜叶内部高温高水，会大量破坏转换氨基酸、叶绿素、维生素等内含物质，减少茶多糖、水溶性儿茶素等成分。因此第一道工序必须先进行萎凋，只是制作不同的茶类，掌握好不同的萎凋程度。鲜叶堆捂时间过长、

轻度萎凋

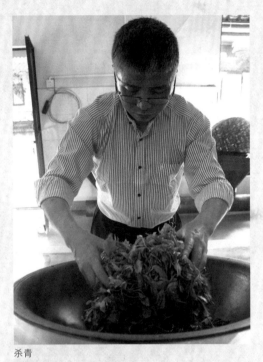
杀青

萎凋不当或者是早晚的鲜叶混做都会造成将来的茶汤混浊不清亮。

杀青：杀青就是要迅速钝化多酚氧化酶的活性，使茶多酚在初制过程中不被氧化，尽量完整地保存下来，从而形成所需要加工茶类的品质特点。茶多酚是惰性物质，内含成分中多酚氧化酶是茶多酚迅速氧化的催化剂，多酚氧化酶活性的临界温度是80℃，因此，只要让鲜叶叶温迅速达到80℃以上，就可以钝化（杀死）多酚氧化酶的活性，使茶多酚尽量完整地保留下来。目前有传统的手工铁锅炒茶杀青，大量使用的半自动化电动滚筒杀青机杀青，也有少数企业在用蒸汽杀青和新发明的微波杀青等方法。

揉捻：揉捻的目的是为茶叶造型，在造型过程中适度破损叶表皮细胞，可使茶叶在冲泡过程中有效成分容易浸泡出来。揉捻的方式有纯手工揉捻和机械揉捻机揉捻。揉捻过程中以茶汁不溢出为度，外观达到所需形状即可。

日光晒干：日光晒干的关键在于一定要有日光直射2个小时以上。这也是普洱茶品质形成所需原料"晒青毛茶"有别于其他茶类的关键点。由于云南的天气变化无常，不可能每次揉好的茶叶就能得到阳光的照晒，所以一般加工晒青茶就要有一个"候晒"的过程。这个环节的处理是晒青毛茶品质稳定的关键。

3.晒青毛茶的品质特点

云南大叶种晒青毛茶，按加工工

揉捻

艺，属于绿茶类，由于最后的干燥工序用太阳晒干，所以有人称为：晒青绿茶。历史上多数人称为：普洱老青茶。现代多数叫"晒青毛茶"。

云南大叶种晒青毛茶，是加工制作普洱茶的唯一可选原料。是所有毛茶里面内含有效成分最高的茶叶。其

日光晒干

日晒中的晒青毛茶

摊晒

外形：芽叶完整，条索粗壮、显毫；色泽墨绿；干香明显，呈现各种树木的香型；内质：汤色黄亮、通透；香气清新、杯底香明显；滋味醇厚、苦中带甜、微涩、生津、回甘持久；水浸出物丰富，耐冲泡；叶底黄绿明亮，芽叶肥大、完整。

先扫封底二维码
下载专用软件
鼎e鼎扫码看视频
身临其境寻普洱

作者与彝族茶农白文祥交流茶园管理经验

江城田房讲茶记

2013年3月4日，我来到云南省普洱市江城县国庆乡田房寨考察。县茶办的同志事前通知田房寨附近寨子的茶农集中在田房寨，由我们对当地的茶农从田间管理、茶叶采摘及茶青炒制等方面进行现场指导。

下午6点，我们来到田房寨彝族茶农白文祥师傅家的小院，准备现场炒茶。此时，院子里已经站满了陆续从附近几个村寨赶过来想学习炒茶技术的男男女女，从人们的表情上，你能读出一些人心中的疑惑，可能有些人会想，我们世世代代就这么做茶，难道你一个东北人会比我们做得还好？我们暗下决心，要以事实说话。

首先，由寨子里大家认为炒茶技术一流的白师傅按照当地的传统方法炒制一锅，再由我们考察队侯建荣先生按科学方法炒制一锅。不怕不识货，就怕货比货，炒好的两锅茶分别摊晾在两个圆形竹筐之中，并排放在一起比较，结果立见分晓。

田房寨炒茶高手白文祥

接着，我们又很耐心地从理论到实践，一步一步向茶农讲解种茶、采茶、炒茶的相关技术，赢得茶农们的阵阵掌声。我们希望授人以渔，教人方法，把我们摸索了几十年，尽自己所学才总结出来的宝贵经验毫无保留地教给茶农们，不但可以帮助他们增加收入，更重要的是不辜负他们摘下来的那些古树嫩芽。

时隔一年，2014年3月25日，我们再次来到彝族茶农白师傅家，很想了解去年的那次现场讲解究竟给没给茶农兄弟带来变化。

一进白师傅家门，夫妇二人就眉开眼笑，忙招呼大家落座。白大哥真诚地笑着开口说我们来田房寨的指导起了关键作用，他们家今年的茶一直供不应求，价格也较去年翻了一番，以前他们的茶从来没卖过这个价，品相从来没这么好过，今年春天，乡里让送茶样参加评选，他的茶样送过去就选上了，这在过去是不可想象的，他们没想过也不敢去参加评选，现在好了，对自己做的茶越来越有信心了。

白大哥接着说，去年我们刚来的时候他心里还有点儿不服气，但一比较，就知道问题在哪儿了，是好的方法就得学习。今年严格按照我们教的方法管理、采摘、杀青、日晒，茶的质量才大大提高了。他还说在吉林卫视上看到我讲课，就赶忙喊来寨子里的人，告诉他们，这就是来他家教制茶的长春徐老师。白大嫂还说，去年你们教完就走了，连顿饭都没吃，今天无论如何得在家吃顿饭。

我笑着说，其实啊，山还是那座山，树还是那些树，制茶的方法改变了，结果是大不一样的，得相信科学。所以，也不用请我们吃饭，今天看到你们的

作者2014年在田房寨采访邂逅白文祥夫妇

作者与白文祥交流制茶经验

茶做得这么好，质量提高了，收入也翻番了，看到我们所做的一切能对当地茶农起点作用，我就心满意足了。

　　离开白大哥家时，白大嫂还特意装了满满一兜儿他们前一天刚刚晒好的古树茶，让我回家好好品尝品尝，还装了些她亲手制作的平时也舍不得吃的特色腊肠，盛情难却，领情笑纳了。我真的不能辜负白大哥大嫂的一番心意，他们

白文祥在我们的指导下制作的古树茶供不应求了

作者在为江城田房寨茶农讲解如何科学制茶技术 茶花上的蜜蜂

真心送给我的每一片茶叶，那可是凝聚着他们辛勤的汗水和真诚的心意呀！

坐在一旁的江城县副县长孙艺洪也动情地说：徐老师，去年你来江城时我不知道，今天在这儿，我真正感受到了你们对当地茶农的奉献，这才是现身说法，我非常感动，而且有种幸福感。

是啊，千言万语都显得苍白，能为老百姓做点儿好事，真的是很幸福！

先扫封底二维码
下载专用软件
鼎e鼎扫码看视频
身临其境寻普洱

普洱有生熟　制茶学问多

生熟普洱工艺迥

普洱茶是用云南大叶种晒青毛茶为原料，通过微生物参与的后发酵工艺加工制作而成的再加工茶类。

1.普洱茶后发酵原理

云南大叶种晒青毛茶在存放过程中，接种了空气中的微生物，在茶叶上生长繁殖，产生大量的微生物酶，其中一部分微生物酶，具有多酚氧化酶的活性，从而取代了多酚氧化酶的催化作用，促使茶多酚重新开始氧化，转化成大量的茶褐素、茶红素和多种微生物酶的干物质。从而形成了普洱茶的特殊品质。

制茶流程图

渥堆　　　　　　　　　　　　　　　　　　　　　　　　拣茶

　　普洱茶的后发酵又分：人为快速后发酵和自然慢速后发酵。人为快速后发酵加工的普洱茶称为熟普洱茶，储藏存放过程自然慢速后发酵的称为生普洱茶。

　　2.熟普洱茶的人为快速后发酵工艺

　　人为地创造一个高温高湿的适合大量单一微生物种群快速生长繁殖的特殊环境，在短时间内产生大量的微生物酶，促使晒青毛茶里富含的茶多酚迅速氧化，快速形成了熟普洱茶的品质特点。人们把这种发酵方式称为熟普洱茶的快速发酵方式。

晒青毛茶——潮水渥堆——翻堆解块——自然晾干

潮水渥堆：在晒青毛茶上根据原料老嫩不同，喷洒上15%～20%的纯净山泉水，匀堆后在发酵床上做堆发酵，堆高1米左右，堆宽2.5～3米，堆长根据一次性发酵的数量延伸。堆好后盖上相对保湿的柔软帆布。

翻堆解块：渥堆8天后或者堆温达到60℃以上持续两天即可进行翻堆降温并解块。降温解块后，重新做堆继续发酵，如此反复，50天左右即可出堆。

自然晾干：发酵出堆后，在发酵床上摊开，理沟晾干。一般需要15天左右。至此一堆人为快速发酵的熟普洱茶就发酵完成了。

称量　　　　　　　　　　　软化　　　　　　　　　　　压制

现今，普洱茶研究院根据以上原理和工艺试验制作了"金属发酵罐"来替代传统方式的发酵，其结果和方法还没有达到可以进行推广的程度。

3.熟普洱茶的品质特点

外形条索粗壮重实；色泽乌褐油润显金毫；内质汤色新茶褐红透亮，随储藏年份增加而转换为透红琥珀色；新茶滋味纯正微苦回甘，随储藏年份增加而转换为淳厚甜稠；香气纯正平和；叶底肥壮红亮。

4.生普洱茶的慢速自然后发酵

把晒青毛茶在自然环境中存放，不同的环境气候条件，不同的冷热季节变化，都有着不同的多种微生物种群在上面生长繁殖，不同的微生物种群，对晒青毛茶内含的各类香气物质、滋味物质和茶多酚的再次氧化，

普洱砖茶压制

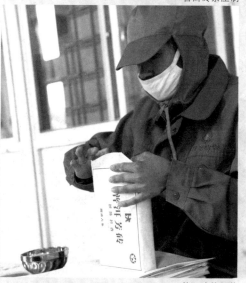

普洱砖茶包装

石模压制普洱饼茶

石模压制的普洱饼茶有不同的韵味

起着不同的微生物酶促氧化作用，使之形成生茶存放之后的极其丰富的香气物质、滋味物质、对人体特殊保健功效的物质和鲜艳的汤色成分。人们把这个过程称为普洱生茶的慢速自然发酵过程。

年份越久，微生物种群和转换得到的各类有效成分就越丰富，生茶转换的品质表现就越好。因此，普洱茶不但适合长期储藏，而且，越陈越香。

5.普洱茶自然慢速后发酵的环境

所谓自然发酵就是让普洱茶在完全自然、没有人为因素的状态下，慢速发酵的过程。

普洱茶的自然慢发酵，在不同的环境下会产生不同的品质表现。前提条件是不能霉变，不能有空气污染、异味污染。在这些前提条件下，普洱茶经历过的环境条件越复杂，微生物的种群就越丰富，品质表现就越好。

如完全存放在气候干燥的地方，多年后香气物质和滋味物质转换得很好，而令人直观的汤色却转换太慢。相反，如完全存放在气候相对潮湿的地方，多年后令人直观的汤色转换得很好，而香气物质和滋味物质却转换太慢。这样喝起来香气和滋味就没有那么丰富了。

看看，是不是不一样的韵味？

普洱茶饼烘干

先扫封底二维码
下载专用软件
鼎e鼎扫码看视频
身临其境寻普洱

故宫藏 129 岁的普洱贡茶

故宫藏普洱砖茶

澜沧古茶的普洱砖茶

所以有的普洱茶爱好者，把自己心仪的普洱茶进行流动存放，这样就大大增加了普洱茶的阅历，从而丰富了普洱茶的品质。

6.普洱茶后发酵的程度

普洱茶自然后发酵达到什么程度为宜，目前绝对还没有定论。珍藏于北京故宫博物院的"万寿龙团"普洱贡茶，深藏皇宫一百多年之后，2007年回归普洱市时，依然保持着当年紧而不实，松而不疏，团如人头的高贵形态，其色泽黑褐光亮，整团茶流动着金色的黄晕。那是岁月的磨砺，虽经百年自然的造就，至今仍然继续着它永不停息的、自然后发酵的优秀品质的沉淀。

7.紧压茶

历史上的普洱茶在储藏运输过程

中多数都压制成了形式各异的紧压茶，如：砖、饼、沱、人头茶、金瓜茶等，这可不仅仅是为了运输的方便。试想一下，当我们置身于毛茶和散茶仓库的时候，满屋子的茶香，说明，茶叶后发酵中的呼吸过程，有效成分容易随空气的流动被带走。我们的先人，精于对茶叶三大特性的了解，采取紧压茶的方式，减小茶叶接触空气而吸湿、陈化、吸异味的范围，采用笋叶包装避免光照氧化，使普洱茶在漫长的后发酵过程中，有足够的营养成分提供给微生物生长繁殖。从而形成普洱茶越陈越香的特殊品质。

作者在普洱博物馆欣赏故宫藏的万寿龙团茶

澜沧古茶公司记

2007年9月20日，为了去澜沧考察辖区内的景迈千年万亩古茶园，我在云南非常艰险的盘山公路上，历经千辛万苦才到达澜沧。虽然一路奔波劳顿，但我心快乐！

第二天早晨，我早早起床，漫步在澜沧县的大街上，轻松而愉快。

山区的晨光很柔和，轻柔地透过雾气，涂抹在静静的街路和具有民族风情的建筑物上，街心广场矗立着一座金光闪闪的拉祜族图腾——葫芦雕塑，车辆也不多，很安静的一座小县城。

9点钟左右，澜沧古茶董事长杜春峄派人接我到古茶公司考察。

澜沧县古茶有限公司位于澜沧县城西郊平掌路，这里依山傍水，环境

作者在澜沧古茶公司考察

花园样的澜沧古茶公司厂区

幽雅，空气清新。门前是一条奔腾不息的小河，背靠郁郁葱葱的茶山，两条涓涓泉水从山的两侧汇聚到古茶公司院内，此乃山环水抱、藏风聚气之绝佳风水宝地啊！

古茶公司院内，与其说是茶叶加工厂，倒不如说是一座小花园。院内水榭亭楼，柏油铺路，椰风桂影，山花烂漫。几株不知名的树木迎风而立，树干上结满果实；还有那结满硕果的柚子树，迎着从茶叶加工车间飘来的阵阵茶香，和着后山坡茶园里吹过来的清新，这是怎样的一道风景！

在这醉人的环境中生活，真是澜沧古茶人的福分。

事有凑巧，就在我来古茶公司的第一天，云南省总工会、云南省妇女联合会派人来为杜大姐颁发云南省"五一巾帼建功标兵"牌匾及证书。听前来颁发证书的领导讲，杜春峄是云南省思茅地区唯一获此殊荣的人。我为杜大姐高兴，情不自禁地举起手中的照相机，记录下这难忘而有纪念意义的时刻。

澜沧古茶，创立于1966年，是一家集产、供、销、贸于一体的大型茶企，是云南省农业龙头企业、中国普洱茶十大品牌。公司原名澜沧县古茶山景迈茶厂，1972年开始生产第一批产品；1975年更名为国营澜沧县茶厂，生产茶品由云南省茶叶公司统购统销；1978年开始渥堆发酵普洱熟茶，由云南省进出口公司经销；1998年破产重组，更名为澜沧县古茶有限公司；2006

先扫封底二维码
下载专用软件
鼎e鼎扫码看视频
身临其境寻普洱

年正式更名为澜沧古茶有限公司。目前公司已形成生产中心（云南省普洱市澜沧县）、品牌中心（云南省普洱市）、营销中心（广东省广州市）三位一体的服务体系。

公司拥有自主茶园10 000多亩、茶叶初制所及合作社120多家，掌握着丰富而稳定的茶山一手资源。并拥有50年成熟稳定的制茶工艺，品质为先，以"做健康好茶"为宗旨，产品历史悠久，品类丰富，目前在市场上流通活跃的产品超过400款，其独特的"澜沧味"被广大茶友认可。

公司品牌创始人杜春峄从1966年起至今，亲自参与并把控从原料到生产到成品的每一个环节，她以制茶匠

澜沧古茶公司董事长杜春峄向作者赠送邦崴千年古树茶

人朴实无华的精神带领着澜沧古茶人，被大家亲切地称为"茶妈妈"。

自那一刻开始，我便与澜沧古茶公司结下了不解之缘，在随后长达十年的交往过程中，逐渐认识了澜沧古茶的人，知道了澜沧古茶的事，见证了澜沧古茶近10年来的发展历程。其中也曾参与过一些澜沧古茶公司组织的茶事活动，印象最深的还是2010年春3月的祭拜邦崴千年过渡型古茶树的经历，虽吃尽千辛万苦，但却回味无穷。活动的看点是在那棵千年过渡型古茶树上采摘下8千克古树茶青的拍卖过程，可谓高潮迭起，从8万元起拍至63万元落锤成交，我始终参与其中，最后由广东茶友收入囊中。2016年3月19日午时，杜春峄大姐不食前言，把她收藏的那棵古茶树上的一饼一沱古树普洱茶郑重送到我的手中，我如获至宝，笑纳了。

杜大姐不食前言，邦崴千年古树茶，笑纳了！

江城砖茶传万里

2013年3月3日晚9点，我如约采访了江城县茶行业发展办公室副主任陶文忠先生。

陶文忠，彝族，40多岁，瘦高的个子，黑黑的脸庞，感觉上不太善言辞，我们在江城考察的这几天，他一直陪伴左右。

虽然说陶文忠不太爱讲话，但谈起江城与茶有关的历史，却头头是道。说明他在日常工作中曾很认真地研究过当地与茶有关的历史。

江城茶办副主任陶文忠向作者介绍老街的情况

江城有关茶叶栽培历史的文字记载，大约始于清乾隆三十年（1765年）。

据江城县志记载：江城县的国庆乡是最早种植茶叶的地方之一，其种茶历史可追溯到数百年前。这里有个洛捷村，"洛捷"即是彝族语"茶叶"的意思。

从那个时候开始，彝族的祖先就在江城的大山里开始种植茶叶了。从

看看，制作绿茶和制作普洱茶的茶青是不一样的

文字记载上看，距今已有250年了，所以说，保守地估计，江城有些古茶树的树龄少说也有三四百年，从我们在山上看到茶树的状态上分析，感觉上也差不多有几百年了。我们普查过，这样的老茶园江城境内大约有5900亩。

1978年以前，全乡大多数茶树都是当地解放前种植的老茶地，面积约1500亩。当时茶产量最高的有阿卡洛朵、田房寨、洛捷村多数寨子和博别寨。茶叶收入是这些寨子当时的主要经济来源。土地承包到户后，特别是1987年牛洛河茶厂的大面积开发，各村寨又先后增加了不少茶地，随着扶贫资金的不断投入，茶叶种植面积迅速扩大。到2005年，全乡茶叶面积就达到了7196亩。如

少数民族日常生活用具

今，又有了很大的发展。

江城对于茶树定义与其他地方有些区别，我们这里把近年来新种植的茶树称为小树茶，50~100年树龄的称为老树茶，100年以上的就称古树茶了。

江城在制茶方面比较鼎盛的时期，应该是在民国期间。当时制茶主要有两种形式：团茶和方砖。

团茶：又称人头茶，每个重约100克，也有做得很大的。方法就是把蒸软的干茶叶放在布袋里绞压成形。

方砖：把茶叶放入木模内，用杠杆原理人工压制成形。当时很有名的一个方砖产品"囍"牌，被老百姓称为"双喜四方茶"。

理论上说，团茶应该是在方砖茶之前。

由于所有操作都是人工完成，所以，那时候的团茶、砖茶压制得都不太紧。

还有一个比较有名的茶叫腊帕卡，"腊帕卡"是哈尼语，腊——茶，帕——叶子，卡——老的意思。腊帕卡就是：用老茶叶子做成的茶。

腊帕卡的制作方法：首先将竹筒劈成两半后捆起来，把干的老茶叶蒸软塞进竹筒里，然后用木棍冲紧成型，最后再用香竹叶包装起来烘干，腊帕卡就做成了。

恰巧，3月4日下午，在田房寨有位78岁的彝族老人白学英，用自己制作的

作者在满城整董傣寨考察

竹筒，现场给我演示了一下如何制作腊帕卡。

腊帕卡后来被江城科委主任在普洱茶科研所注册，也就是我们现在看到的"帕卡"。

彝族老婆婆演示如何制作"腊帕卡"

几年前，一位法国传教士的后代，还专程来到江城买这种"腊帕卡"茶，想必是当年他的先辈从江城带回这里的茶，让他们记忆犹新，时时不能忘怀，他们的后代们如今还不远万里来江城寻茶，可见历史上江城茶的魅力。

经过几百年的经营，江城在历史上还是产生了许多著名的老商号，比如说：敬昌号、福泰龙号、福泰昌号等二十几家很有名的商号。前几年，在香港拍卖成百上千万元一饼的老普洱茶中，有些就是出自江城。

景谷沱茶有后人

雅贤楼茶文化

YUNNAN PUER CHA

云南普洱茶

2013年3月12日上午，阴

我们来到景谷采访沱茶的第四代传人李明先生。

初见李明，觉得此人有点儿个性，也可能是他接触的人中卖狗皮膏药的太多了，所以当初次见面时，一副满不在乎的样子。坐下喝茶聊天时，同行的人员再次把我的情况详细地介绍了一下，李明的态度明显转

李氏家族留下来的老物件

变。当我送他一册《普洱溯源》并告诉他这是我2007年之前在云南采访后编著出版的众多作品中的一部时，李明的态度大变，看来这个来自东北的徐老师还真不是卖狗皮膏药的。

李明很热情地翻出一些祖上传下来的老照片、老粮升、老凳子，还找出一幅修裱过的老字画，上面有李氏家族历史上的大事记。虽已部分残缺，但主要内容还是能读出来的。

说起景谷的沱茶，就一定要提到李氏家族。在景谷沱茶制作的历史上，李氏家族有记载的始祖是李文相，第二代是李学秀，第三代是李发其，眼前的李

明号称是第四代传人。

从历史资料上看，沱茶的由来是这样记载的：

"沱"由"团"转化而来，云南沱茶产制历史悠久。沱茶原产于景谷县，又称"谷茶"，谷庄沱茶多采用景谷县附近地区生产的滇青揉压而成——《中国茶经》。

"沱茶为历史名茶，创制于1902年前后。"沱茶由蒸压团茶演变而来。沱茶原名"谷茶"，因原产地在滇西南之景谷县而得名。"原产于景谷县的谷庄沱茶又名姑娘茶，有说其形如砣，'沱'与'砣'同音"——《中国名茶志》。

这就是被列入国家机密的普洱茶发酵车间

沱茶由景谷县姑娘茶演变而来，碗状的沱茶创造于清光绪二十八年（1902），原料为一、二级滇晒青毛茶各占50%——《中国茶文化大辞典》。

清光绪二十六年（1900），景谷街人李文相创办制茶作坊，用优质晒青毛茶作原料，土法蒸压月饼形团茶，又名谷

先扫封底二维码
下载专用软件
鼎e鼎扫码看视频
身临其境寻普洱

茶。清光绪二十八年……该茶畅销并被誉名沱茶。团茶（谷茶、谷庄茶）奠定了沱茶的雏形，景谷成为云南沱茶的原产地。

如此看来，云南沱茶的创始者确为李家。

据李明介绍，他开始并没有从事茶行业，近些年才回到老家小景谷，把老字号恢复起来，而且把在其他行业学习得来的管理经验应用到了茶厂的管理上，使他的茶作坊显得井然有序。李明带领我详细地参观了他的厂房。从收茶青、初制到渥堆发酵、分拣、蒸压、烘焙、包装、检验等一道道严谨的工序。这些年来经常到云南深入考察，也参观过一些普洱茶生产企业的生产车间，但李明的车间是我所见到的比较规范的普洱茶生产车间。

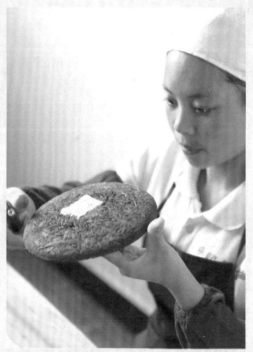

精心检察每一饼普洱茶

准备进烘房的沱茶

李明说，我这里一般不允许外人进来参观，倒不是说我这里面有多么特殊，而是人进去多了对卫生方面真的不是很好，我们做普洱茶的人要对消费者负责任。

其实，普洱茶就是把这些毛茶经过精选后蒸压成砖、饼、沱形，再经过包装上市。当然了，这里也存在一个矛盾的事情，历史上传统的普洱茶就是在各家各户中制作出来的，如今都是在现代化的工厂生产加工，卫生标准达到了，但却没有了传统味道。在作坊里制作，有了传统却感觉到好像达不到卫生标准。所以，我这里尽可能地既注意传统工艺更要注意符合卫生标准。

刚刚压制好的沱茶

压制普洱沱茶

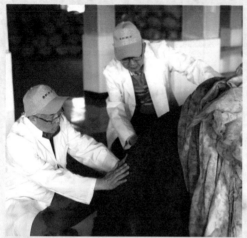

在与李明的交谈中可以看出，此人很有个性，并且很坦诚，是位感性的汉子。李记谷庄在李明的手上，相信他一定会发扬光大。

作者在普洱茶发酵车间考察

作者考察普洱茶挑拣车间

作者在小景谷考察

一雅贤楼茶文化一

YUNNAN PUER CHA

云南普洱茶

藏一饼普洱 陈十年醇香

贮藏普洱有方法

普洱茶是具有收藏价值的，而且是可以喝的古董。关于普洱茶的收藏就一句话：藏新茶，喝老茶。

普洱茶的贮藏是在选购的基础上进行的，因此，选购普洱茶的注意事项也是其贮藏所应该坚持的。但贮藏毕竟不同于选购，因此贮藏也有它自己的注意事项。

贮藏应选好品级

也就是说并不是所有的普洱茶都有贮藏价值，只有那些品级较高的普洱茶才值得人们花费年月去贮存收藏，当然，质量上乘仍是其前提。

贮藏应选好茶类

这主要是说您要贮藏的是散茶还是紧压茶。关于这一点，我们的看法

无量山丰腴的古树茶芽

是，如果是个人贮藏，最好选择紧压茶。这主要是从两方面来看：

其一，由于紧压茶体积小，不占那么多空间，便于存放，且具有规则，易于存放。

其二，紧压茶耐储藏，不易变质。因为紧压在内部的茶所处的环境较好，较为稳定，其温度和湿度都不会忽高忽低，不易发生霉变，这样有利于后续的陈化发酵。

贮藏要思考时间

这其中包括两层含义：

其一，贮藏普洱茶在一定时期是越陈越香，但不一定非要规定出贮藏年限。因为普洱茶存放一定时间后，它的色、香、味都趋于理想化。此时，如果贮藏条件不当或不科学地无限期存放，就必然会降低其品质，从而失去普洱茶应有的特殊风味。所以在普洱茶的存放过程中，不要死抱着年限，只要得到较为满意的品质就行。一般来说，新制生普可以存放10年左右；而已发酵过的"熟茶"存放2～3年就能提升到较好的品质风味了。

其二，如果您想贮藏不久就饮用，建议您选择熟普洱茶来贮藏；如果不急着喝，可选择贮藏时间相对比较长的新制生普洱茶，一切都根据您自己的实际情况来决定。

千家寨干旱季节的古树

哀牢茶王千家寨

2013年3月16日，我从哀牢山出发，前往镇沅千家寨去瞻仰树龄2700年的世界野生茶树王。

经过一上午的绕山险路，于中午12点45分来到千家寨山下。开始沿着一条栈道拾级而上。山很陡峭，当天的气温也很高，我还没爬上10分钟已是大汗淋漓。几天前，我就询问过从山下走到茶树王的位置得用多长时间？听说一个多小时就能走到，我心中有数了。

知道我的腰间盘疾病的严重性，虽然绑着护腰钢板，还是怕我在登山的时候出现状况，同行前往的当地向导一路在身后护着我，令我很感动。也正因如此，我才能有机会和时间更多地了解千家寨这个令天下茶人魂牵梦绕的地方。

听向导说，我们脚下走的这条栈道是在2005年才开始修建的。从山下的停车场一直修到大吊水，总长度1700米左右。坡度大于30度的地方，建成石台阶，坡度小于30度的地方，建成斜坡路面。开始时只修了上山的台阶和路面，后来在2007年10月至2008年2月，又在步行道的一侧，修了水泥护栏，这样就安全多了。

这里叫千家寨有两种说法，一种说法是当年有位姓千的人在此居住，所以叫千家寨；另一种说法是，在清咸丰或同治年间，哀牢山彝族农民领袖李文学在太平天国的影响和鼓舞下，联合各族农民5000余人，聚集于天生营誓师起义，在哀牢山安营扎寨反抗清军，因而得名"千家寨"。

前面山里还能看到一些当年房屋的残墙、石磨、石水缸、炮台、城墙等遗物。在这些房屋的残墙内，今天已经是古木参天，青藤蔓绕，与哀牢山融为一体了，成为一段历史的见证。遗址的北部约2千米的原始密林中，已经发现有上万亩的野生茶树林，其中一株高18.5米，胸围2.82米的

千家寨管理所门前列队的神像

千家寨森林中的羊

千家寨小吊水

野生大茶树。据专家考证已有2700年的树龄，是迄今发现的最古老的野生茶树，成为稀世之宝。等一会儿我们爬上去就能看到了。

听着向导的介绍，更加坚定了我前去瞻仰茶树王的信念。

就这样，众人走走停停，拍照留念，不觉间已经来到一处稍显平坦开阔所在，抬头望去，一线瀑布从两山之间的峡谷口喷泻而出，成三级跌落，总落差有100多米，溢宽有10~20米。瀑水跌下约5米高的陡坎后，势如天河决口悬空而泻。李白的"飞流直下三千尺，疑是银河落九天"这首千古名句在这里得到了印证。天水直泻落入脚潭，水流裹挟着水雾，分为两股，顺山势层层跌落，水石相击，珠飞玉碎；潭内浪花翻卷，水声如雷，轰震河谷。这就是被当地人称为"大吊水"的千家寨瀑布。这山有了水就充满了灵性。

　　栈道越来越陡，腿越来越沉。此时此刻，每迈一步都要付出很大的努力。我心里默念：今天就是爬，也要爬到那棵世界茶王树下，亲睹其芳容。回头问向导到达目的地还有多远时，一句话让我心凉半截：早着呢，才走不到三分之一。看一下出发到现在的时间已经过去1个多小时了，不是说1个多小时就能到吗？怎么才走了三分之一的路程？我心里暗想。

　　就这样，我一步步挪到了大吊水上方的彩虹桥。这里山风很大，呼呼地刮着，一道铁门横在桥头的一侧，当地政府为了保护这里的生态环境，已经不允

千家寨陡峭的山体

青藤缠绕下的石板小路

许外人随意进入这块神圣的土地。今天，为了我这个痴情的北方茶文化传播者，政府特意派人打开山门，迎接我们进山。

千家寨原始森林中到处都有这样的倒木

过了山门，果然柳暗花明。回头看看已经走过的1700米陡峭的栈道，虽然很累但很高兴。听向导说，往前走是一条740米长，修在原始森林中的石板路，也是近两年才修好的。石板路虽然蜿蜒不平，但是，明显比刚上山的石阶路好走多了。我们一会儿爬坡，一会儿过独木桥，一会儿钻树洞，尤其钻横担在小路上的倒木时，比较费力，身体好的人猫腰就过去了，可我因腰间盘突出症，得直着腰蹲下身慢慢挪过去。

走出了这段儿原始森林，眼前明显开阔了很多，有几处草房呈现在眼前。房前的小广场上，几尊用圆木雕成的神像列队欢迎着我们这些山外来

通往千家寨的土路

客。这里是千家寨管理所，也是上山的人们歇脚的一个好地方。

　　我们继续沿着被人们踏出的一条若隐若现的小路爬行。向导说，从这里上去到茶树王的位置，大约还有一半的路程。沿途都是未曾开发的原始森林，每走一步你都会觉得这是人类第一次踏上的足迹。这里的原始森林苍翠茂密，路盘溪转，古木参天，青藤蔓绕，山花烂漫，雀鸣鸟啼。在这古朴神秘的原始森林中，你才可以享受到悠悠自得的山野乐趣和勾魂摄魄的神奇与浪漫，你会为这大自然的鬼斧神工所驻足并惊叹不已，山雄、水美、林幽、物奇是对这里最恰当的写照。

　　下午3点半左右，我们终于来到了那棵令世人魂牵梦绕的世界野生茶树王前。

　　此时，明媚的阳光普照万物，更使古茶树王熠熠生辉。这是上天赐给我的机会，我心悦诚服地跪倒在茶树王前。感谢造物主创造了这普度众生的灵丹圣物，感谢上苍为我们留下了这2700年前的野生茶树王，以及那些为保护这里野生古茶树资源的工作者们，也感谢面前这棵静立千年不变苗

想通过得从树下钻过去

壮的生命之王，这不单是茶的王，更是生命之王。

眼前这棵野生茶树王树高18.5米，树幅16.35米，径围2.82米，树龄超过2700年。据专家考证，是目前发现的最大、最老的一棵野生大茶树。比勐海巴区贺松大黑山发现的约1700年的野生古茶树还早1000年左右。云南是国内外学者公认的茶树起源地，作为"普洱茶"故乡之一的镇沅，有大片的野生茶树林，在茶树王附近的这片原始森林中，就有上百棵野生大茶树。特别是"野生茶树王"的发现，再一次证明云南是中国茶叶的起源地。它为研究云南大叶茶的起源、特点、生长环境以及发展历史等提供了良好的证明。

用GPS定位仪测量镇沅千家寨世界茶树王的结果：

海拔2519米，北纬24°17′42.1″，东经101°15′45.3″，温度22.5℃，相对湿度45％。

这些年的寻茶之旅，每逢听闻有树王之处，我都要尽可能前去拜访，这些留存已少的参天古木，蕴含了古今天地之精华，是上苍给予我们的恩惠。每每看到常年看护他们的茶人，我也心生敬畏。实际上，云南大山中那些成片的古茶园，已经是不可多得的瑰宝，古树普洱之所以得到众多茶友们的珍爱和收藏，大概也因为此吧。

先扫封底二维码
下载专用软件
鼎e鼎扫码看视频
身临其境寻普洱

鉴别多细节 品牌讲信誉

　　普洱茶在市场上多以紧压茶的形式出现。做型周正美观、包装精美，只能说明压制企业做工精细，并不能代表茶叶内在品质的好坏。

　　鉴别普洱茶内在品质好坏一定要开汤冲泡。无论生熟取8克左右茶叶，用适当大小的杯碗或茶壶，加入90℃以上的开水，浸泡5分钟出汤。

　　汤色必须是清澈透亮的。生茶呈黄绿色，熟茶呈红褐色。香气纯正无异

从邦崴千年古茶树上采摘的 8 千克古树鲜叶

2010 年春，作者在邦崴采摘千年古树茶

丰腴肥厚的古树茶芽

作者在采摘古树茶芽

味、带有花果香味的为好。滋味醇厚、苦中带甜、微涩、生津、回甘持久。随储藏年份增加而转换为醇厚甜稠。生茶杯底香明显。购买普洱最好是有懂茶的朋友帮忙参考。

　　最简单的方法是：找品牌直营专卖店购买，他的品牌信誉永远比你花学费买一批茶的价值更划算。

邦崴千年过渡型古茶树

谈茶系古今　普洱多功效

普洱茶叶之功效

历史上，人类对茶的认识和使用主要经历了3个阶段，分别为食用、药用和饮用。这3个发展阶段至今仍保留在人们的生活之中。普洱茶也是这样，因为它们都是历代祖先智慧的结晶。

我在10年的深山探寻中已经熟知的普洱少数民族的很多家常菜都是以普洱为原料的，如凉拌茶就是其食用的具体体现；作为一种饮料，茶则以其最简单的方式为我们生活不可或缺。在这里，我以普洱茶为媒介来介绍一下茶的药用功效。

茶的药用价值很早就被人们认识。在《神农本草》中就有"神农尝百草，日遇七十二毒，得茶而解之"的记载。这里的"荼"就是茶。在前面我们讲诸葛遗种、遗器时，也曾说诸葛亮用茶叶为其士兵治疗眼疾的故事。尽管现代人把茶归之于饮料，我们往往也会不自觉地看重它的药用价值。这也许是中国传统饮食理念——"食饮同宗，药食同源"的影响吧。

古记普洱药功效

历代古籍中，有很多关于茶叶的药用记载，如唐代的陈藏器在《本草拾

遗》中就说"诸药为各病之药，茶为万病之药"。陆羽的《茶经》里也有茶叶的药效记载，说茶是可以"与醍醐甘露抗衡也"。尽管普洱茶的历史比较长，但普洱茶的药用记载要晚一些。这可能与普洱茶之出滇南而进入中原，其路艰难遥远及当地的文明程度有关。

古书上的记载主要有以下这些：

（1）明代万历年间的王庭相在《严茶议》中说"茶之为物，西戎吐蕃古今仰给之。以其腥肉之物，非茶不消；青稞之热，非茶不解，故不能不赖于此"。

（2）清乾隆三十年(1765)，赵学敏编著的《本草纲目拾遗》中说："普洱茶膏能治百病，如肚胀、受寒，用（茶膏）姜汤发散，出汗即可愈；口破喉桑颡，受热疼痛，用（茶

作者爱人张鹏燕与德高望重的老茶人

作者在墨江碧溪古镇采访百岁老人

作者深入云南大山之中采访

膏）五分噙口过夜即愈；受暑擦破皮者，研敷立愈。"

又说："治疮痛化脓，年久不愈，用普洱茶隔夜腐后敷洗患处，神效。""治体形肥胖，油蒙心包络而至怔忡。普茶去油腻，下三虫，久服轻身延年。"

还曾说："普洱茶味苦性刻，解油腻，牛羊毒，虚人禁用。苦涩。逐痰下气。刮肠通泄，普洱茶膏黑如漆，醒酒第一。绿色者更佳。消食化痰，消胃生津，功力犹大也。"从赵

传统的手工石模压制普洱茶

学敏的记载中，我们可以看出普洱茶的清热解毒功效、降脂去腻功效、去胀通便功效、醒酒解风功效等多种医用价值。

（3）清代王士雄在《随息居饮食谱》中说："茶微苦微甘而凉……普洱产者味重力峻，善吐风痰，消肉食，凡暑秽痧气腹痛、霍乱、痢疾等症初起，饮之辄愈。"由此可见，普洱茶能治初起之霍乱、痢疾等症。

（4）吴大勋在《滇南见闻录》中言："其（普洱）茶能消食理气，去积

滞，散风寒，最为有益之物。"

（5）清光绪《普洱府志》卷十九载：普洱"茶产六山，气味随土性而温，生于赤土或土中杂石者最佳，消食、散寒、解毒。"

（6）清代张庆长撰《黎歧纪闻》中言："黎茶粗而韶、饥秘积食，去胀满，陈者尤佳。大抵味近普洱茶而功用亦同之。"

（7）清人张鸿的《滇南新语》中说："滇茶，味近苦，性又极寒，可祛热疾。"

（8）清人方以智稿，其子方以通、方以覆等编的《物理小识》中说："普洱茶蒸之成团，西蕃市之，最能化物。"

（9）清代的王昶《滇行日录》中也记载道："顺宁茶味薄而清，甘香益齿，云南茶以此为最。普洱茶味沉刻，士人蒸以为团，可疗疾，非清供所宜。"

（10）清代黄宫秀的《本草求

待烘干的普洱饼茶

真》说："茶禀天地至清之气，得春露以培，生意充足，纤芥滓秽不受，味甘气寒，故能入肺清痰利水，入心清热解毒，是以垢腻能降，炙灼能解，凡一切食积不化，头目不清，痰涎不消，二便不利，消渴不止及一切吐血、便血等服之皆有效。但热服则宜，冷服聚痰，多服少睡，久服瘦人。空心饮茶能入肾消火，复于脾胃生寒，万不宜服。"

（11）在《本经逢源》书中有载："产滇南者曰普洱茶，则兼消食止痢之功。"

（12）在《普济方》中载："治大便下血、脐腹作痛、里急后重症及酒毒，用普茶半斤碾末，百药煎五个，共碾细末。每服二钱匙，米汤引下，日二服。"

（13）《验方新篇》中载："治伤风、头痛、鼻塞：普茶三钱，葱白三茎，煎汤热服，盖被卧。出热汗愈。"

（14）《圣济总录》中载："须霍乱烦闷，用普茶一钱煎水，调干姜末一钱，服之即愈。"

（15）《百草镜》载："闭者有三：一风闭、二食用、三大闭。唯风闭最险，凡不拘何闭，用茄梗伏月采，风干，房中焚之，内用普洱茶二钱煎服，少顷尽出。费容斋子患此，已黑暗不治，得此方试效。"

（16）《本草备药》中"茶能解酒食，油腻，烧炙之毒，利大小便，多饮消脂。"

刚刚压制的普洱饼茶

在以上这些论述中，前10个是个人的著述和方志，后几个是药书里的验方。其中又以清人的论述居多，这也与清代是普洱茶的鼎盛时期有关。不过，我私下认为明代的王庭相的论述可谓高山景行。从上面的引用中，我们可以看出，清人的很多论述多是根据前人之论而加以发挥。而清人黄

宫秀的论述很详细，囊括诸家要说。从这些论述中，我们还可以看出，他们总结了普洱茶的具体功效为：

（1）提神解渴，安神除烦。

（2）消食解腻，化痰祛胀。

（3）刮脂清肠，通便利尿。

（4）清热解毒，消暑止痢。

（5）祛风解表，醒酒护肝。

从他们的论述中，我们还可以知道，茶的药用功效并不是直接对准病症来去疾化疴的，而是作用于人们的日常饮食之中，通过人的新陈代谢，间接地起到去毒疗病的作用，这也是古人"食饮同宗，药食同源"的饮食医药理念的表现。

今对普洱功效知

现代人对普洱茶药用功效的认知是越来越清晰。但是，如果我们把现代人的研究成果和古人相比较，还是可以看出，二者有着很深的渊源。只是古人的论述，多是从普洱茶对人的最终效果来说，因此多感悟性的话语，令人易于接受；而现代人却对这些感悟的话做出了很科学的量化分析，令人信服。二者结合起来看，就互为补充，相得益彰。不过，随着社会的发展，人们又面对一些新的问题，针对这些新问题。现代人从普洱茶对人的影响里，看出了新意。

下面我们就看看，现代人对普洱茶功效的论述。

1. 消食和胃，防止便秘

饮茶能助消化，是因茶汤中的咖啡碱，有兴奋中枢神经系统的功能，可提高胃液分泌量，加快胃的蠕动，促进脂肪食物的代谢，以达到帮助消化，增进食欲的效果。经过熟化的普洱茶，其性不寒不热，正中宜人。饮用浓度适中的普洱茶，不仅不会刺激肠胃，而且醇甘的普洱茶在进入人的肠胃后，形成一种有益的保护层附着于胃黏膜，可起到养胃、护胃作用。茶多酚有收敛作用，可以使肠胃的活动更加活泼自如，其解油祛脂的作用，也有利于通便。

2. 可以利尿

茶叶中的咖啡碱和茶碱能通过扩展肾脏的微血管，增加肾脏血流量，控制肾小管的吸收以及提高肾小球的滤过率，从而起到明显的利尿作用。

3. 可以明目

人的晶状体对维生素C的需要量比其他组织高。若维生素C摄入不足，容易导致晶状体浑浊，严重者可患白内障。但是饮茶可以补充维生素C，提高人体的抵抗力，对防止白内障和晶状体浑浊有作用。此外，茶中的维生素B_2可防治眼部与黏膜交界处的病变，如角膜炎等，所以长期饮茶可以起到明目作用。

4. 防龋健齿

现代医学对普洱茶防龋健齿的
作用进行了科学的研究，研究成果表
明，普洱茶对口腔内抗菌斑形成起很
大作用，通过对普洱茶中的氟化物及
茶多酚含量的动态观察，证实了普洱
茶有其防龋功能。茶多酚类化合物还
可以杀死口腔内多种细菌，对牙周炎
有一定的疗效。因此常饮用茶或用茶
漱口，可以防止龋齿的发生。这也就
是《红楼梦》中的人为什么经常在饭
后用茶水漱口的原因。

作者在墨江米地古茶园考察

5. 提神安神，益思悦志

茶叶中含有大量的咖啡碱和黄烷
醇类的化合物，具有兴奋中枢神经的
功能，醒脑提神。茶氨酸还可以通过
影响脑中多巴胺的代谢和释放，调节
或预防与之相关的脑部疾病，从而有
利于提高学习和记忆的能力。

墨江米地树龄约 300 年的古茶树

6. 减肥、降脂，防治心脑血管疾病

肥胖威胁着现代社会人类的健康，而肥胖大多是新陈代谢失调，体内脂肪堆积的结果。一旦脂肪过多，血液中的浓度必然增加，而其流量速度必然放缓，时间长久就形成了动脉硬化、冠心病等疾病的诱因。

景迈芒景翁基大寨在树上采茶的老阿婆

普洱市普洱茶研究院，以盛军博士带领的研究团队，研究发现：普洱茶调节血脂代谢异常作用显著，调节代谢的主要成分是茶褐素，占普洱茶水溶性物质的80%以上。咖啡碱是降血糖的重要成分，熟普洱茶不影响睡眠的原因主要是茶褐素络合咖啡因，从而抑制了咖啡因的兴奋刺激性。茶褐素是熟普洱茶的特征活性因子，在肠道和血液内具有"刮油"的作用，主要是通过强力结合油脂，抑制吸收，促进排泄。茶褐素在肌体组织内具有"燃烧脂肪"的作用，通过加强脂肪的水解和氧化，生成CO_2、H_2O和ATP（能量），促进脂肪代谢，消耗脂肪从而起到减肥的作用。这些突破性的研究进展，对全面解释普洱茶调节脂肪代谢的功效打下了坚实的基础。

此外，冠心病加剧与冠状动脉供血不足及血栓形成有关，而茶多酚中的儿茶素及茶多酚在煎煮过程中不断氧化形成的茶色素有抗凝、促纤溶和抗血栓形成等作用。

7. 轻身解毒

茶之解毒有3层含义。

（1）解重金属毒：茶中多酚类衍生物能吸附和沉淀重金属盐如铜、铅、汞等。

（2）减轻生物盐的毒害：茶中的含硫化合物，对于一些作用于硫基的毒物如砷等具有解毒作用。

（3）解酒毒：茶之解酒，清人赵学敏就说过普洱茶膏解酒最好。饮茶可以补充维生素C，而维生素C又是肝脏解酒的催化剂，所以喝茶可以解肝脏内的酒毒，此其一；其二，茶中的咖啡碱有利于排尿，这也可使体内酒精很快分解并排出体外；其三，咖啡碱对大脑皮层的兴奋作用，能激起因饮酒而处于抑制状态的大脑皮质，从而达到解酒的目的。

8. 抗癌

普洱茶杀灭癌细胞的作用最为强烈。昆明天然药物研究所医学家梁明达、胡美英两位教授对此作过深入研究。他们发现：普洱茶主要成分茶褐素对某些肿瘤细胞具有显著的抑制作用，能够强烈抑制突变P$_{53}$的表达，强烈抑制notch蛋白的活化，对白血病、乳腺癌等恶性病症具有一定的预防和治疗效果。

9. 抗毒灭菌

茶多酚具有凝结蛋白质的收敛作用，能与菌体蛋白质结合而使细菌死亡。实验证明，茶多酚对各型的痢疾杆菌皆具有抗菌作用，其效果与黄连不相上下。

以上我们介绍了现代人对茶尤其是普洱茶功效的认识，可以从中发现，现代人用现代科学技术的成果印证了古人的观点之正确性。

但是，我们不能因此来夸大普洱茶的功效，认为它是放之四海而皆准的灵丹妙药。事实上，茶以及普洱茶对人的药效，其作用不在于针对病症，更不是立竿见影，而是通过饮食来调节的，是那种春风化雨般地滋润人的身体。

同时，我们还应注意，普洱茶并不是时时都有用，也不是对人人都有效。清人赵学敏说普洱茶"味苦性刻"，"虚人禁用"，可见普洱茶并不是人人用了都好的。黄宫秀也说"热服则宜，冷服聚痰。多服少睡，久服瘦人。空心饮茶能入肾消火，复于脾胃生寒，万不宜服"。也就是说，喝热茶则和于身；如果是冷茶，不仅不化痰，反而会聚痰；空腹喝茶可泻火，但却令脾胃生寒，对之无益。这些都是我们应该注意的。了解自身特点，并避免错误的饮茶方法，才能真正从普洱中受益。

福

禄　　　寿

人参普洱茶

人篇

REN PIAN

东北·西南

吾生于东北，扎根黑土，

历经夏的灼热，冬的严寒，茁壮；

伊长于西南，抽枝散叶，

缠绵千年，沉了岁月，香了轮回。

吾是天生的百草之王，汲取天地之精，根叶茎花果，悉为山珍；

伊是地造的百木之魂，仰吸山水之灵，仅一片嫩芽，俱是水神。

吾叫人参，以形为名，以珍传世，上品君王；

伊为普洱，以地得名，以醇闻世，陈香百姓。

若说有缘，同是来自远古的孑遗，药食同源；

若说无缘，一个生在东北，一个植根西南。

十载寻茶之路，三年探参之行，

一份缘连接东北西南，千般爱尽在人参普洱。

百草之王，百木之魂，

东北，西南。

我与人参普洱茶

唐·陆羽《茶经》卷上一之源：

作者在邦崴深夜采访当地老茶农

"茶者，南方之嘉木也……茶为累者。亦尤人参，上者生上党，中者生百济、新罗，下者生高丽。有生泽州、易州、幽州、檀州者，为药无效，况非此者！设服荠苨，使六疾不瘳。知人参为累，则茶累尽矣。"

早在唐代，茶圣陆羽就把茶与人参进行过类比。当然了，茶圣所比无非是告诉世人茶树生长之地不同，其性迥异，就像五加科中的人参，生长在不同之地其性也是不一样的。恰恰是茶圣陆羽在《茶经》中的这一类比，触动我的灵魂，萌生要写一部《人参普洱》的念头，把生长在祖国东北的百草之王——人参与生长在西南的百木之魂——普洱茶这两种大自然赐予我们的灵物嫁接起来，恰当地配伍成人参普洱茶，为天下茶人所用。

而实现这一念头的基础是近10年来，我曾数次深入云南大山深处采访，行程数万千米，领略无数风吹雨打，翻越无数峭壁悬崖；足迹遍布云南茶山深处，野茶树前；我们寻访当地茶农，了解古茶山悠远的历史；也走访老船夫老

马帮，茶马古道跃然于眼前；我们探访相关部门，了解当地政府对未来茶产业的展望；也寻访专家学者，寻找古茶背后的科学奥秘。这些珍贵的记忆和资料为我创作《普洱溯源》《第三只眼睛看普洱》《凤龙深山找好茶》《深山寻古茶》等茶学专著做出了相当大的贡献。

而促使我历时三载进入长白山腹地，累计行程15 000多千米，深入调研考察长白山人参资源，却缘起于《人参普洱》。

把东北长白山的人参与云南普洱茶配伍是我在2010年之前提出的概念，那个时候，碍于国家把人参产品定义为药材，还不能进入食品系列，故搁之。直到2013年，国家食品药品监督局才正式把在长白山区生长5~6年的园参列入"药食同源"系列，所以，我才决定启动"人参普洱茶"项目。但在准备材料的过程中，发现长白山人参的图书资料很少，查阅比较困难，故于2014年春天开始深入长白山脉，以我这么多年来在云南考察普洱茶时积累的经验和方法对长白山区的人参资源进行详细的考察，取得大量的一手资料，为创作《人参普洱》打下了坚实的基础。

今天，就把我这么多年来呕心沥血实地采访考察、创作的人参普洱茶项目贡献给诸位，愿与天下诸位同道共飨！

先扫封底二维码
下载专用软件
鼎e鼎扫码看视频
徐凤龙讲人参普洱茶

人参与普洱　天地人合一

人参普洱两精华

在中国的医学宝库中，向来把人参视为百草之王，可治百病，而茶被我们的祖先发现之始，便认定其为万病之药，故有"神农尝百草，日遇七十二毒，得茶而解之"的广泛传说。

同被祖先认定为"药"，自有其相通之理。中医理论中，向来是把各种药材按特性配伍，方能治百病，尤尊人参为上品君王，不但可以单独入药成"独参汤"，更可与其他药材配伍，发挥着神奇的功效。今天，我们把东北长白山的人参与西南的普洱茶配伍，是不是可以产生更加神奇的效果呢？

首先，我们分析一下这两种植物，它们都是地球上仅存的古生代第三纪孑遗植物之一，一个生在东北，一个生在西南。

大家都知道闯关东的很多故事，

古树茶芽

雅贤楼茶文化

RENSHEN PUER CHA

人参普洱茶

所谓的闯关东，广义上说是有史以来山海关以内地区的民众出关谋生，皆可谓之闯关东。狭义上说是指从清朝顺治年间到"中华民国"这个历史时期，中原地区百姓去关东谋生的历史。我们通常所说的"闯关东"基本指后者。

长白山密林下的山参

山海关城东门，界定着关外和中原大地，从清朝到民国数百年间，山东等地区的关内人开始背井离乡，闯关东谋生。清代满人入关实行民族等级与隔离制度，颁布禁关令——严禁汉人进入东北"龙兴之地"垦殖。清顺治帝曾告诫满洲贵族末路退往关东，实际上，清朝末代皇帝溥仪最后真的退守关东，成立了伪满洲国。满人主要居住在长白山脚下，本来人口就不多，入关时几乎倾族而入，造成关东人口剧减，清政府借口"祖宗肇迹兴王之所"保护"参山珠河之利"，对关东实行了长达200多年的封禁政策，并于清顺治始至康熙中期，分段修建了1000多千米的"柳条边"篱笆墙——号称"东北长城"。从山海关经开原、新宾至凤城南的柳条边曰"老边"，自开原东北至今吉林市的柳条边曰"新边"，所以，在民间有"边里人"和"边外人"的说法。

任何事物都是双方面的，恰恰是清王朝这200多年的封禁，保护住了东北这块风水宝地，今天才能看到长白山上丰富的自然资源，也包括百草之王——人参这样的珍稀物种。

纵观东北尤其长白山一带，由于是清皇室的"龙兴之地"并有200多年的封禁期，故为人烟稀少之地，此景直到清末民初闯关东者日众，长白山一带的人口才逐渐有所增加。根据我在长白山区采访的情况来看，现在的长白山腹地的很多乡镇村落人们的风俗习惯，口音特点等方面还是山东味儿十足，而最早在长白区采集人参者，也多是这些闯关东的山东人，所以，在长白山区有很多山东人采参的各种传说故事，不胜枚举。

云南，自古就被称为蛮夷之地，本来就是地广人稀，根据10年来我在云南大山里多次考察的结果看，每平

方千米人口密度仅20多人的县市比比皆是。而云南优良的气候特点及地质特性又孕育出了品类丰富的自然物产，当然也包括能够制造普洱茶的云南大叶种茶树。

根据多年考察的结果，云南是世界茶树的原产地，这里的原始森林中有很多高达数十米，几人合抱粗的野生大茶树，无论是镇沅千家寨2700多年的野生大茶树，还是邦崴1700多年的过渡型古茶树，以及景迈山千年万亩古茶园等等各山头的古茶树，这些都是云南是世界茶树原产地的实证，耳听为虚眼见为实，当你实实在在地行走在云南的十万大山之中，那些历经千年风雨的古茶树，会深深地震撼你的心灵。

所以说，东北的长白山人参以及普洱茶树都是生长在人烟稀少、植被茂盛之地。

那么，长白山人参和云南普洱茶树到底生长在什么环境之中呢？

目前，中国人参主要生长在东北的长白山区，长白山区属于受季风影响的温带大陆性山地气候，除具有一般山地气候特点外，还有明显的垂直气候变化。总的特点是冬季漫长凛冽，夏季短暂温凉，春季风大干燥，秋季多雾凉爽。年平均气温在-7℃～3℃之间。一年当中有近7个月在白雪覆盖之下，年降水量在700～1400毫米之间，云雾多，风力大，气压低是长白山主峰气候的主要特点。长白山人参就是生长在冬天零下近40℃，夏日零上近30℃，温差达70℃

这样严酷的环境之中。

普洱茶主要生长在澜沧江流域的普洱地区、西双版纳地区、临沧地区以及红河州部分地区，生长普洱茶的地区群山起伏，海拔较高。受亚热带季风气候影响，这里大部分地区常年无霜，冬无严寒，夏无酷暑，年平均气温15℃～20.3℃之间，年无霜期在315天以上，年降水量在1100～2780毫米。云南大叶种普洱茶树就生长在四季如春的彩云之南温暖的环境之中。

一方水土养一方人，不同的地域，不同的物种，形成了各自不同的植物特征。

中医向来有"南药北用，北药南用"之说，东北的人参也好，云南的普洱茶也罢，我们的祖先发现这两个物种时都是作为药被应用的，如今，为了人们更方便地利用

千家寨 2700 年的世界茶树王

255

东北和西南这两个特殊的物种，把东北、西南这两种大自然的精华配伍，以茶饮的方式被人们所用，必将产生神奇的保健效果。

正如《周易》所言："坤艮对位，门庭富贵"，坤位西南，即云南普洱茶；艮位东北，即长白山人参，只有把东北的百草之王——人参与西南的普洱茶"对上位"，才能令天下茶人门庭"富"而"贵"。所以说，人参普洱茶一经面世，必将一石激起千层浪，会在普洱茶界引起不小的波澜。

作者2016年春考察邦崴千年古茶树

药食同源有根据

所谓"药食同源"，是指自然界中许多药材也是食品，它们之间并无绝对的分界线。茶如是，人参亦然。

前面讲过，我们的祖先发现茶这种神奇的植物时，是把茶作为一种药来应用的。神农尝百草的故事家喻户晓，因是上古的传说，直到西汉《神农本草经》才有记载。既然是代代口耳相传的传说，也就是在几千年的流传过程中会产生很多分歧，到底是不是神农氏尝到的茶也未置可否，但祖先以茶为药应该是事实。

明代万历年间的李时珍在《本草纲目》中，却有实实在在地把茶入药的论述。李时珍自己也很喜欢饮茶，说自己"每饮新茗，必至数碗"。书中论茶甚详，言茶部分，分释名、集解、茶、茶子四部，对茶树生态，各地茶产，栽

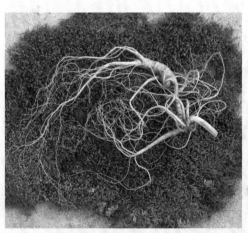

培方法等均有记述，对茶的药理作用记载也很详细，曰："茶苦而寒，阴中之阴，沉也，降也，最能降火。火为百病，火降则上清矣。然火有五次，有虚实。若少壮胃健之人，心肺脾胃之火多盛，故与茶相宜。"认为茶有清火去疾的功能。另外，书中还列出了许多以茶治各种疾病的验方。

所以在茶的发展过程中才有生吃药用、熟吃当菜、烹煮饮用、冲泡饮用这几个发展阶段。

人参，历代医学典籍均视之为一味可治一切虚证的良药，被称为百草之王。

我国的人参，开始生长在上党也就是太行山一带，后来，随着人类活动的增加，森林破坏严重，生长中心才逐渐转移到东北的长白山一带，所以，长白山区是目前我国唯一能生长人参的地方，也是世界人参的主产区。医学药典上所言之参，一般是指野山参，长白山区纯正的野山参资源已经很少了，现在长白山区16年以上的林下参基本上替代了野山参的作用。

清中期以后，因朝廷用参量加大，长白山区的参工已经很难找到足额数量的野山参，便把放山时看到的小参苗移栽到住所附近，进行人为管理，逐渐发展成园参。现在，长白山区大量种植的是园参，是在砍伐森林的基础上开垦出参园，生长两三年后再次移栽，在长白山优质腐殖土中共生长5～6年，吸收两块土地的营养才能长成。长白山人参对生长环境要求特别高，并且轮作周期要

雅贤楼茶文化

RENSHEN PUER CHA

人参普洱茶

人参的芽苞是入冬前已经孕育好了

30年，因此说，即便是园参，也是得之不易的。我国长白山区的人参与韩国在田地里反复种植的人参是有着本质区别的。所以，长期以来，在我国一直把人参当作特种药材来使用，高丽参更多的是被韩国人当作食品使用。

人参自古以来就是"药食同源"的植物，从国际上看，美国、加拿大、日本等发达国家都把人参作为食品应用。韩国所产人参，俗称高丽参，其自产的人参90％以上都是作为食品消费的。在韩国的商店、超市、餐厅等，都有含人参的食品，包括饮料、饼干、糖、茶、果酱、方便面等等。在韩国，形成了全国吃人参的习惯，并把高丽参视为国宝。

生机勃发的古树春芽

　　我国人参产量约占世界人参总产量的70%，吉林人参产量约占我国人参总产量的80%，"长白山人参"已被列入国家地理标志保护产品，人参已经成为吉林省东部山区农村经济发展的重要支柱产业，是振兴东北老工业基地和社会主义新农村建设的重要组成部分。但长期以来，我国一直把人参作为药材使用，使人们形成了人参不可食用的误区，导致我国人参应用领域空间缩小，极大地限制了人参产业的发展。直到2013年，按照《中华人民共和国食品安全法》和《新资源食品管理办法》的规定，人参才可以正式登堂入室，进入全民食品行列。这也为我们创造人参普洱茶找到了根本依据。

　　由此可见，茶为万病之药古论早已有之，人参药食同源国家已经允许，将东北长白山的人参与西南的普洱茶"嫁接"在一起，创出造一个全新的饮品——人参普洱茶的时代已经来临。

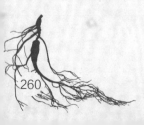

寒热阴阳各相宜

大自然就是这么神奇，极寒之地必产极热之物，极热之地则产极寒之物。

东北的长白山主峰的无霜期只有5个月左右，将近7个月的时间，大地都是在水冰地坼的冰天雪地之中沉睡，在这漫长的沉淀之中，人参经历了冬夏近70℃的温差，吸收了大地的精华，具备顽强的生命力，恰恰是这寒冷之地，生长出人参这种神奇的温性物种。

云南生长普洱茶的区域，全年几乎都是无霜期，动植物都处在温暖的环

皑皑白雪覆盖下的人参园

境之中，普洱地区还处在太阳北回归线上，终年湿润多雨，还享受着高原艳阳的照射，成就了茶这种凉性的植物，所以李时珍在《本草纲目》中有"茶苦而寒，阴中之阴，沉也，降也，最能降火"的记载，这就像椰子，生长在高温之地，其性则全寒，茶亦如此，乃极热之地所产极寒之物也。

古树茶芽生长状态就是不一样

中医有：寒者热之，热者寒之的施治之法。温性的长白山人参与寒性的普洱茶恰当地配伍，对人体必然会产生奇妙的效果。尤如一碗中药汤，本就是自然界中一些枯枝败叶恰当地配伍，不但能治病救人，还能使人健康长寿。同是南北的两味神奇的植物，其性相通，又有什么理由不可以恰当地配伍，创造出寒热阴阳相宜的人参普洱茶呢？

人参普洱之功效

长白山人参功效：

1. 强筋壮骨，增生精子和壮补肾阳。2. 增强红细胞的繁殖能力，提高人体的免疫功能。3. 双向调节人的血压。4. 增强新陈代谢，延缓人体衰老，预防老年痴呆。5. 抑制肿瘤。6. 激发人体表皮细胞的活性。7. 增强头发抗拉度。8. 治贫血、神经官能症、更年期综合征和冠心病。9. 双向调节人体血糖，治疗糖尿病。10. 减轻酒精对肝脏的伤害。11. 增进食欲，促进睡眠。12. 减少不良胆固醇，增加良性胆固醇。13. 治疗头疼、冷症，促进血液循环。14. 防止血栓形成、溶解血栓，防止动脉硬化。15. 延缓皮肤老化、濡养保护皮肤。16. 预防感冒等等。

冰雪覆盖下的人参状态

作者冒着严寒察看冰雪覆盖下的人参

云南普洱茶功效：

1. 消食和胃，防止便秘。2. 可以利尿。3. 可以明目。4. 防龋健齿。5. 提神安神，益思悦志。6. 减肥、降脂，防治心脑血管疾病。7. 轻身解毒。8. 抗癌。9. 抗毒灭菌等等。

普洱茶对人体的功效的论述已经很多，于此不再赘述，但人们对人参的功效却知之甚少，于此列出，以利比较。

快速消费的普洱茶

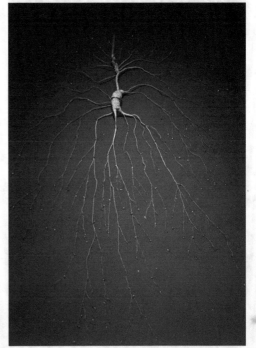

体态优美的野山参

神农本草论人参

《神农本草经》是中医四大经典著作之一，作为现在最早的中药学著作约起源于神农氏，代代口耳相传，于东汉时期集结整理成书，成书亦非一时，作者亦非一人，是秦汉时期众多医学家搜集、总结、整理当时药物学经验成果的专著，是对中国中医药的第一次系统总结。其中规定的大部分中药学理论和配伍规则以及提出的"七情和合"原则在几千年的用药实践中发挥了巨大作用，是中医药药物学理论发展的源头。

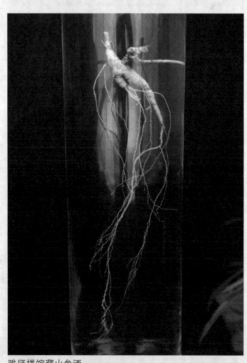

雅贤楼馆藏山参酒

在《神农本草经》中关于人参有这样的记载："人参气味甘，微寒，无毒，主补五脏，安精神、定魂魄，止惊悸，除邪气，明目、开心益智。久服轻身延年。"

主补五脏，五脏（心、肝、脾、肺、肾）属阴，六腑（胃、大肠、小肠、胆、三焦、膀胱）属阳。精神不安，魂魄不定，惊悸不止，目不明，心智不足，都是因为阴虚阳亢所扰。今五脏得人参甘寒之助，则有定之、安之、止之、除之、明之、开之、益之的效果。这里所说的"除邪气"，不是针对外邪而言，而是阴虚而壮火食气，火即为邪气。《黄帝内经》讲风、寒、暑、湿、燥、火，谓之"六淫"。这些"虚邪贼风"应该"避之有时"，加上"恬淡虚无"的心境，达到"病安从来？"之目的。今五脏得人参甘寒之助，功而补阴，故曰"主补五脏"则邪气消除。

作者在集安体验林下参作货

古代医圣之论对人参之功也不相同，如《神农本草经》说人参微寒，李时珍说生则寒熟则温，附会之甚，这与时代变迁应该有很大关系。《神农本草经》成书于汉代，那时人参主生长区域在中原的太行山区。时过境迁，明代中原已无人参，主生长区已迁移到东北长白山脉，不同的地域特点造就出不同的物种品质，尤如茶树的"适应性"与"适制性"，茶树被人类从古巴蜀地区发现并应用之后，伴随着人类的脚步走出古巴蜀地区，适应不同地区的地域特点长成了不同的形态，造就了不同的茶树品种，也就有了千奇百怪的各种茶类。人参也是这样，只是人参生长条件极其苛刻，可适合人参生长条件的区域很小，目前只有东北的长白山区适合种植人参这种神奇的百草之王。

这里所说人参主补五脏，到底怎么补的？

我们在电视剧《刘老根》中看到有这样一个情景，刘老根的山庄里有个土中医叫李宝库，主要工作是为山庄调配药膳。有一次李宝库与刘老根讨论如何用人参做药膳，上来就背"人参味甘，大补元气，止咳生津，调容养胃。"刘老根听后不解地问："人参是甜的吗？我吃咋是苦的？"李宝库是个读了一些医学书本的土中医，吭哧半天也没整出个所以然来。

在林下生长了 12 年的林下参就这么大

其实，李宝库背诵的"人参味甘，大补元气，止咳生津，调容养胃"这里的人参，指的是上党参，上党就是现在山西太行山一带，那里最早是生长人参的，所以唐代茶圣陆羽在《茶经》中才有"上者生上党，中者生百济、新罗，下者生高丽"人参等次之论，太行山区的地域特点与东北长白山有很大区别，所产人参性质也不一样。太行山区的人参早已经绝迹，但党参我们还是能看到的，由此可知，"味甘"的参应该是党参。

刘老根说的苦味的人参指的是长白山人参，长白山人参味儿苦，我们都知

道，苦味儿入肾，起"补"的作用，"滋阴益气，固本培元"的固本，就是补肾，肾精不漏而充盈，这就是人能否长寿的物质基础。

《神农本草经》所说的"主补五脏"首先应该是补肾，肾为水，肾水充足则能生肝胆木，肝胆健康才能盛血藏魂，血亦为生命之本；肝胆木则生心火，这里的心指的是心胞，心胞健康则生脾健胃，脾胃为土，脾胃健康则生肺气金，肺气金盛又能生肾水。如此，北方肾水生东方肝胆木，东方肝胆木生南方心火，南方心火生中央脾胃土，中央脾胃土生西方肺金，西方肺金生北方肾水，反之则相克。

唐代茶圣陆羽在《茶经》中篇有："体均五行去百疾"之论，茶圣陆羽讲的是常喝茶能五行相生相克平衡就会百病不生。这里所述长白山人参"主补五脏"也是五行生克之理。

人参按照食品毒性六级分级法规定属二级实际无毒范围。其毒性远不及大蒜、马铃薯、八角茴香等。其实，对于一种物质有毒无毒的判断，量的掌握很重要，犹如食盐，大量摄入也会死人的，水喝得太多也会得病一样，适量很重要。人参古论"无毒"，可放心适量应用。

前面讲过，长白山人参味苦入肾，补肾则固精，精足方能在元神的作用下炼精化气而产生神。故曰"安精神"。

"精、神"安则"魂、魄"定。我们知道，精是物质，气是能量，元神

在气的推动下炼精化气产生神，也就是我们用肉眼看到或感受到人有没有"精神"，实际上是"神"在人体上的表现。神又可以理解为魂和魄，白天曰魂，晚上曰魄，也就是说，白天是魂支配着人体的一切，晚上是魄支配着人体的一切。一天之中，由阴转阳，由阳转阴，在阴阳互换之中，就是由三魂七魄支配着我们的一切。三魂是指：胎光、爽灵、幽精；七魄是指：尸狗、伏矢、雀阴、吞贼、非毒、除秽、臭肺，三魂七魄各司其职，人才能百病不生。所以说，"定魂魄"是一个正常的健康人的基础。

何谓"止惊悸"？

惊字的繁体字是"驚"，本意是骡马等因为害怕而狂奔起来不受控制。对于人来说就是害怕，精神受了突然刺激而紧张不安。悸是因为害怕而自觉心跳。惊和悸对人来说都是有害的，而食用人参就可以"止惊悸"。

前文讲过，长白山人参味苦入肾，肾精充盈不漏就有了物质基础，肾为水，肝为木，水生木，故肾水生肝木，肝开窍于目，肾气足则肝气盛，自然达到"明目"之目的。心为火，木生火，肝木生心火，故而"开心"，不憋屈。肾主志，这里的志是指对过去的记忆，又指对未来的图谋，说一个人的智力水平高不高，与这个人的记忆力有很大关系，因为肾脏与记忆有直接关系，所以固肾可"益智"。

古人在医学实践中虽然总结出人参有"无毒，主补五脏，安精神、定魂魄，止惊悸，除邪气，明目、开心益智，久服轻身延年"这些功效，但并不知道人参到底内含哪些成分。

现代科学研究证明，人参重要成分是人参皂苷，它是一种醇类化合物，三萜皂苷，被视为人参中的活性成分。人参皂苷影响了人体多重代谢通路，所以其成分也是很复杂的。

迄今为止，科研工作者已从人参根中至少分离提取到30种人参皂苷单体。这些皂苷单体被称为Rg、Rg1、Rg2、Rg3、Rg5、Rb1、Rb2、Rc、Rb3、Rh、Rh1、Ro等。这些皂苷单体的药理作用，并不完全一致。

Rh2：具有抑制癌细胞向其他器官转移，增强机体免疫力，快速恢复体质的作用。对癌细胞具有明显的抗转移作用，可配合手术服用增强手术后伤口的愈合及体力的恢复。人体吸收率约16%，最高含量为16.2%。

作者在紫鑫药业人参皂苷生产车间考察

Rg：具有兴奋中枢神经，抗疲劳、改善记忆与学习能力、促进DNA、RNA合成的作用。

作者考察紫鑫药业的人参酵素生产车间

作者在紫鑫药业人参酵素包装车间考察

紫鑫药业现代化的生产车间

Rg1：可快速缓解疲劳、改善学习记忆、延缓衰老，具有兴奋中枢神经作用、抑制血小板凝集作用。

Rg2：具有抗休克作用，快速改善心肌缺血和缺氧，治疗和预防冠心病。

Rg3：可作用于细胞生殖周期的G2期，抑制癌细胞有丝分裂前期蛋白质和ATP的合成，使癌细胞的增殖生长速度减慢，并且具有抑制癌细胞浸润、抗肿瘤细胞转移、促进肿瘤细胞凋亡、抑制肿瘤细胞生长等作用。

Rg5：抑制癌细胞浸润，抗肿瘤细胞转移，促进肿瘤细胞凋亡，抑制肿瘤细胞生长。

Rb1：西洋参(花旗参)的含量最多，具影响动物睾丸的潜力，亦会影响小鼠的胚胎发育，具有增强胆碱系统的功能，增加乙酰胆碱的合成和释放以及改善记忆力作用。

Rb2：DNA，RNA的合成促进作用、脑中枢调节，具有抑制中枢神经，降低细胞内钙，抗氧化，清除体内自由基和改善心肌缺血再灌注损伤等作用。

紫鑫药业生产的人参皂苷

Rc：人参皂苷-Rc是一种人参中的固醇类分子。具有抑制癌细胞的功能。可增加精虫的活动力。

Rb3：可增强心肌功能，保护人体自身免疫系统。可以用于治疗各种不同原因引起的心肌收缩性衰竭。

Rh：具有抑制中枢神经、催眠作用，镇痛、安神、解热、促进血清蛋白质合成作用。

Rh1：具有促进肝细胞增殖和促进DNA合成的作用，可用于治疗和预防肝炎、肝硬化。

Ro：具有消炎、解毒、抗血栓作用，抑制酸系血小板凝结以及抗肝炎作用，活化巨噬细胞作用。

纵观中国人参的应用，已经有4000多年的历史，多为帝王将相的保健药品，故而价格昂贵，百姓食之不起。当代长白山栽培型园参种植已经很普及，所以，平民百姓才有机会享受到百草之王——人参这种天赐灵物。由于以往人参是作为药材面世的，自古至今均为大补之物，所以百姓日常食之很少，且不得其法。通常也就是喝汤、炖鸡、泡酒、生吃等等这些方法。

　　人参对人体的大补作用的前提是"久服"，不是吃一顿管八年，经常服用才有效果，既然是经常服用，一些通常的喝汤、炖鸡、泡酒、生吃等用法就不太具备普遍性，谁家能成天用人参煮"独参汤"、人参炖小鸡、喝人参酒或生吃人参？这些方法可用，但不能天天用，也就是不能"久服"，这样效果就不好。所以我们才把东北的人参与云南的普洱茶"嫁接"起来，开发出人参普洱茶。即便是人参酒也不能天天喝，但茶是可以天天泡的，我们在很方便地泡茶的同时，不但享受到了泡茶的乐趣，又"久服"了人参。

　　人参有以上这么多好处，如果日常大家以喝人参普洱茶这种形式，就既能吸收到茶的营养，又可"久服"人参，历代医书药典均认为人参可大补元气，补脾益肺，补养气血，安神定志。所以才能使人"轻身延年"，达到健康养生的目的。

先扫封底二维码
下载专用软件
鼎e鼎扫码看视频
身临其境人参普洱茶

南北区域人不同

我国地域辽阔，东西南北中，植物、动物、人物各不相同。按照《黄帝内经·素问》之《异法方宜》篇第十二记载，以黄河中游地区为中心，各个方位的人由于地域、气候、饮食等方面的不同，人会得不同的病，并有不同的施治方法。各方位的人有什么不同呢？

以南方、北方人为例：

南方离位属火，即所谓"天地之所长养，阳之所盛也"。我国幅员辽阔，南方温暖潮湿，无霜期长，有些地方全年都是无霜期，生活在这个区域的人们，气温高则多汗，汗水乃是消耗人体宝贵肾精所化的体液，汗流得越多，肾精消耗就越大，日久则肾亏，所以南方人日常习惯煲各种各样的汤，在所煲

集市上的云南妇女

集市上的云南老汉

汤中添加各种滋阴的补品，当然也离不开东北的人参。前面讲过，长白山人参味儿苦入肾，肾亏得人参之补达到滋阴壮阳的保健作用。

北方坎位属水，所谓"天地所闭藏也"。北方寒冷干燥，无霜期短，以吉林省长白山区为例，每年只有半年甚至更短的无霜期，生活在这个区域的人们，常年处在"风寒冰冽"的环境之中，气温低则汗水少，汗水少自然就不会消耗人体宝贵的肾精了，日常生活中北方人很少有经常煲汤的习惯，肾不亏则人参用得就少，尤其阳气正盛的东北年轻人，不太适宜食用人参，所以北方人肾气要明显强于南方，皆因气候环境所致。

我们在中医药典中可以看到人参有"滋阴益气，固本培元"之功效。肾为人之本；又言"骨为肾之余"，肾精充足才能发育骨骼，所以，按照

《黄帝内经》上古天真论的说法，女人14岁，男人16岁虽然性征发育成熟，但还不宜过早地消耗肾精去完成生育，而是在肾精的推动下长骨生髓，所以，女人要长到21岁，男人要长到24岁"肾气平均，故真牙生而长极"的时候，才可结婚繁衍后代。由此可见，南方人由于常出汗消耗肾精导致肾亏，没有更多的肾精去健壮骨骼，所以个子相对北方人较矮；而北方人汗液少，不用消耗更多的肾精去转化体液，因而骨骼健壮，个子长得也比较高。

所以说，南方人适合更早地增补人参以"固本"，可以长期食用人参产品，北方人待阳气衰弱便可食用人参大补元气了。

在北方有"吃人参流鼻血"之说，受此论影响，导致北方人不敢吃人参。其实这是个误区。由于地域特点决定，北方的年轻人肾精不亏，吃人参补益过盛而导致流鼻血，但北方的女人35岁，男人40岁以后，阳气渐衰，肾气不足，适当吃人参产品以补元气就不会出现流鼻血的现象了，随着年龄的增长，适量吃人参以滋阴养阳，以每天不超过3克为宜，达到大补元气、健康长寿的目的。

可话又说回来，无论南方人还是北方人，日常吃人参的人毕竟不是很多，究其原因，还是感觉食用人参不方便，如今的人参普洱茶很好地解决了这个问题，于日常茶饮中摄入人参的精华，何乐而不为？

人参普洱两相宜

前面，关于东北长白山人参与云南普洱茶的论述已经很多，经过我们多年的研究实践，按照配方，是完全可以把人参和普洱茶配伍在一起，形成一个崭新的茶饮品类。

我们都知道，云南大叶种茶青做成的普洱茶贮存得当可以长期保存，并且越陈越香，越陈越醇，它具有长期贮存的特点。东北长白山的人参在长期贮存方面也毫不逊色，实践证明，生晒人参最少可以保存15年以上，红参可长期存放，尚没有具体的时间限制。

由此可知，人参与普洱茶都具有长期贮存的特点。

普洱茶有生熟之分，其性有冷暖之别。

作者在云南古茶园考察

古树春芽

作者在长白县人参加工车间考察

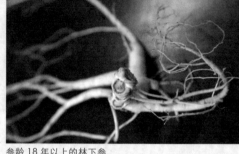
参龄 18 年以上的林下参

人参有生晒参与红参，其性亦有冷暖阴阳之差。

从中医角度来讲，寒者热之，热者寒之，阴阳寒热互相调和，于是就会产生出变化无穷的人参普洱茶系列。

例如：

1. 生晒参与熟普洱茶配伍，其性中和、温性，适合大多数人群。

2. 红参与熟普洱茶配伍，其性热烈，加持力强，适合寒性体质人群。

3. 生晒参与生普洱茶配伍，其性寒凉，去燥火，适合热性体质人群。

4. 红参与生普洱茶配伍，其性平和、中庸，适合大多数人群。

5. 生熟普洱茶与人参花配伍，其性或寒或温，适合多数人群。

……

十年磨一剑 澜沧古茶缘

自2006年与澜沧古茶公司董事长杜春峄相识以来，曾多次相伴到茶山考察，结下了深厚的情谊。从2007年普洱茶行情下滑到如今澜沧古茶的声名鹊起，澜沧古茶在行业内的成绩可圈可点，与之合作共赢并取得共识，是双方最大的收获。

2016年4月中旬，我应邀出席澜沧古茶公司在普洱市主办"天与地，爱与诚"为主题的大型茶事活动。在会上我做了两场报告，向普洱人民详细介绍了一位痴情的东北茶文化传播者如何不谓艰险，克服重重困难，远涉千山万水，在云南十万大山中历时10年考察古茶树资源的经历，并将自己所见所闻、所感所想整理成册，已经先后在全国新华书店出版发行了4部关于云南普洱茶的专著《普洱溯源》《第三只眼睛看普洱》《凤龙深山找好茶》《深山寻古茶》，受到与会者的高度重视与认同。

2016年是我与澜沧古茶公司战略合作项目的开始，在云南大山里长达10年的考察过程中，我不但对普洱茶文化进行了深入的研究推广，对普洱茶未来的产业结构也进行过深入的思考，那就是一定要把普洱茶注入文化内涵，创造出人文普洱的概念，让天下茶人不但能享受到普洱茶的益处，还能轻松地学习到普洱茶文化，了解普洱茶的历史与现状，喝得明白，饮得清楚。所以，今年我和澜沧古茶公司有"一手提走八座山""人参普洱茶"两个文化

作者在普洱市作深山寻古茶讲座

项目的合作。其中的"一手提走八座山"项目已经上市，与项目对应的茶学专著《深山寻古茶》已经在全国新华书店系统及京东、当当网上发行，被行业内外誉为喝得明白的古树茶；"人参普洱茶"项目也将伴随着本书的出版节奏与天下茶友见面。

期间，也有人问我为什么把普洱茶方面的文化创意与澜沧古茶公司合作。因为我见证了澜沧古茶公司近10年来的发展历程，觉得合作是要有一定基础的。其一，我与澜沧古茶公司有近10年的感情基础，人是感情动物，没有感情基础只有利益的追求也不见得就是好的合作伙伴；其二，澜沧古茶公司重视文化、尊重文化，他们能够认识到文化产业的重要性以及文化对公司未来发展所起的作用；其三，澜沧古茶公司有一个执行力强，值得信任的团队，我把自己的文化创意项目交给这个团队去实现心中有底。

　　所以我相信，"一手提走八座山"与"人参普洱茶"的面市，必将揭开普洱茶历史的新篇章。

先扫封底二维码
下载专用软件
鼎e鼎扫码看视频
看《人参普洱》全视频

雅贤楼大事 茶文化代表

雅贤楼普洱茶艺

茶艺表演：张鹏燕

赏 具

　　展示泡茶用具，冲泡普洱茶宜选用古朴大方的茶具。

温 壶

　　又称"温杯洁具"。即用开水浇淋茶具，借以提高泡茶器皿的温度。

置 茶

　　茶叶投入盖碗中称"普洱入官"。置茶量为碗杯的1/3为宜，也可根据客人的爱好而定。

润 茶

洗茶时，在沸水的浸泡下，普洱茶慢慢地舒展。润茶之水宜尽早倒掉，以免浸泡太久而失香失味。

冲 泡

又称"行云流水"。冲泡时一般采用悬壶高冲的手法，将水缓缓注入盖碗中，盖碗口会有一层白色泡沫出现，要用碗盖及时将其轻轻抹去。

出 汤

将泡好的茶汤以低斟手法倒入紫砂壶中，可避免茶汤香味过多地散失（茶汤倒入紫砂壶后，也可再倒入公道杯中，再由公道杯倒入壶中，然后分汤，这样反复倒两次后，使茶汤入口更加滑爽）。

分 茶

又称"普降甘露"，即将冲泡好的普洱茶汤依次均匀地斟入各品茗杯中。

奉 茶

又称"敬奉香茗"，是将冲泡好的普洱茶敬奉给尊贵的客人。

雅贤楼之大事记

雅贤楼历程

◆ 1999年始建雅贤楼茶艺馆。

◆ 2003年成立吉林省雅贤楼茶艺师学校。

◆ 2006年启用徐凤龙老师祖上百年老字号"万和圣"，成立
  万和圣茶庄并连建数家连锁店。

◆ 2008年成立东北地区最具规模的雅贤楼精品紫砂艺术馆。

◆ 2009年8月成立吉林省茶文化研究会。

◆ 2011年成立雅贤楼茶艺馆东北亚分号。

◆ 2003年至今，雅贤楼创作出大量茶文化著作，深受国内外
  广大茶友好评。

雅贤楼茶艺馆

　　雅贤楼茶艺馆始建于公元1999年春，乃吉林省最早创建的茶艺馆之一。总号三层建筑，营业面积600平方米，地处省会长春市的文化、商业中心。装修风格以中国传统文化为底蕴，雕梁画栋，飞檐重叠，气势恢宏。一楼大厅清新自然，曲水流觞，石子小路，曲径通幽；楼上包房陈设清新、古朴典雅，风格温馨怀旧，确为东北地区少有。雅贤楼的"雅"，雅在其高贵的气派和浓浓的文化气息，文艺界和书画界的老前辈们常常在此谈古论今，挥毫泼墨，多有名家大作悬于雅贤楼之厅堂，使雅贤楼"翰墨"之气更浓，人文环境日趋"贤雅"。

　　2011年12月15日雅贤楼茶艺馆东北亚分号成立，营业面积1250平方米，三层楼体亦画栋雕梁，延续雅贤楼一贯传统风格，朱栏曲觞，丝竹萦绕，超然于凡尘之外，融合于世俗之间。三五良友聚集雅贤，鸿儒白丁往来无间，琴瑟相合俯仰天地，人生幸事快哉！

雅贤楼茶艺师学校

　　吉林省雅贤楼茶艺师学校，是吉林省人力资源和社会保障厅批准成立的吉林省第一所专业茶艺师学校，是吉林省人社厅职业技能鉴定中心指定的茶艺师国家职业资格考核鉴定基地。

　　国家职业资格培训鉴定教材《茶艺师》由吉林雅贤楼茶艺师学校校长徐凤龙先生主编。

　　其培训鉴定等级分为：初级茶艺师（国家职业资格五级）；中级茶艺师（国家职业资格四级）；高级茶艺师（国家职业资格三级）；茶艺技师（国家

职业资格二级）；高级茶艺技师（国家职业资格一级）。经在雅贤楼茶艺师学校培训，完成各级别规定标准学时数，并考试合格者，取得由吉林省人社厅职业技能鉴定中心核发的全国通用的茶艺师国家职业资格证书。

学校以"弘扬中华民族传统文化，推广茶叶科学泡饮技艺，提高文化素养，增添生活情趣，促进家庭亲和，把茶艺普及到千家万户"为培训宗旨，教学内容严格按照《茶艺师国家职业资格标准》所规定的各级别课程进行授课。学校与高校联合办学，讲授方式全部采用标准化的电子教学方式，理论和实践有机结合，多年来培养了大批文化素质与技术水平俱佳的茶艺师。

万和圣茶庄的由来

清同治年间，祖上闯关东来到东北这块黑土地上，为维持生计开了家小商铺名曰"万和圣"，经营着茶、米、布匹等与百姓生活相关的日用品。后来，随着闯关东者越来越多，需求日盛，祖上又接连开了多家万和圣分号。

那时交通很不方便，伙计们赶着马车从现在的长春市到哈尔滨运送货物，数百千米之遥中间打站都是住在万和圣各分号，可见昔日万和圣之繁荣气象。此景直至20世纪三四十年代，因战乱各分号方逐次停业。

吾自幼听祖父辈讲述祖上的故事，期望有朝一日重现并超越祖上之繁荣景象，故创建雅贤楼茶艺馆和茶艺师学校，之后2006年启用祖上老号"万和圣"并连建数家"万和圣茶庄"。如今，吾立志以茶以壶相伴，愿天下好茶者与之共勉！

万和圣茶庄之店训：诚实守信，广仁厚德，信心创造，茶界典范。万和圣茶庄之信念：家和万事兴，德必有邻居。

雅贤楼精品紫砂艺术馆

　　雅贤楼精品紫砂艺术馆，是东北地区最规范、最具规模的一座紫砂艺术馆。

　　2008—2011年期间，雅贤楼成功举办了三届（中国·吉林）当代紫砂名师名壶邀请展，邀请多位当代紫砂名师来长参展。包括顾绍培、陈国良、吴群祥、范建军、鲍利安、华健、张正中、王辉、蒋艺华、顾婷、顾涛、顾勤、储峰、汤杰、史志鹏、胡洪明、蒋艺华、惠祥云等四五十位紫砂名家的数百件作品陈列其中。雅贤楼被业界内人士认为是目前东北地区规模最大、档次最高、文化味道最浓厚的紫砂艺术馆。

吉林省茶文化研究会

　　在雅贤楼主徐凤龙的倡导下，2009年8月，吉林省茶文化研究会正式成立，标志着吉林省茶文化研究领域有了正式的组织，上了一个新的台阶。身为中国国际茶文化研究会学术委员的徐老师不但参加全国各地重要的行业研讨会，也在全国各地各大高校、企事业单位讲学，为普及茶文化知识做出了重要贡献。

雅贤楼编著的茶文化书籍

在中国的传统文化中，茶文化独树一帜。"柴米油盐酱醋茶"，茶虽列最后，却最具文化特征。她上可进庙堂，下可进厨房，皇室帝胄饮之，平民百姓饮之……不同的人饮茶有不同的感受，于是便衍生出了不同的文化现象，平生出万千与茶有关的典故。

有感于此，近年来，徐凤龙老师钟情于茶文化的学习与研究，编著了多部在全国新华书店出版发行的茶文化专著，并且每一部作品均一版再版，更是创下了年均出版五六万册的业绩。

与以往茶文化书籍有所区别，徐老师带领创作团队以"求真求实"为宗旨，十余年坚持走进全国产茶省内大山、原始森林，用步子丈量当代茶源的真情实况，同时采访了老茶人、老马帮、专家学者、行业翘楚、行业管理部门等，旨在从客观角度还原我国茶文化历史及行业的生态现状。他的著作不但成为茶友了解茶文化的大门，也成为业内人士的必读资料。

今天的雅贤楼，以茶文化传播为己任，将一如既往地学习研究下去，力争为祖国的茶文化建设做出新的贡献！

徐凤龙/张鹏燕 编著

在全国新华书店发行的茶文化书籍

◆

国家职业资格培训鉴定教材《茶艺师》2003年10月出版

◆

《在家冲泡功夫茶》2006年1月出版

◆

《饮茶事典》2006年5月出版，2007年3月第2次印刷，2007年6月第二版

◆

《寻找紫砂之源》2008年1月出版，2008年6月第二版，
2012年3月第三版，2013年5月第四版

◆

《普洱溯源》2008年11月出版，2012年10月第二版，2013年5月第三版

◆

《识茶善饮》2009年1月出版，2009年8月第二版，2010年4月第三版
2011年1月第四版，2012年6月第五版，2013年5月第六版

◆

《中国茶文化图说典藏全书》2009年1月出版

◆

《第三只眼睛看普洱》2013年7月出版，2014年7月11月第二版

◆

《凤龙深山找好茶》2014年12月出版

◆

《深山寻古茶》2016年5月出版

◆

《人参普洱》2016年10月出版

◆